Software Design［別冊］

［入門］ドメイン駆動設計

基礎と実践・クリーンアーキテクチャ

Domain Driven Design

技術評論社

Contents ———————————— 目次

第**1**章 設計力を磨きたい!
ドメイン駆動設計入門
——設計の手法／アイデアの引き出しを増やそう ……………… **005**

1-1 ドメイン駆動設計とは?
——設計の考え方をつかむ基礎知識 …………………………………… 006

1-2 ドメインモデルを理解しよう
——業務知識をソフトウェアで正しく表現するための考え方 ……… 017

1-3 分散アーキテクチャとドメイン駆動設計
——モデルと実装を適切につなぐための3つの設計パターン ……… 029

1-4 ドメイン駆動設計を開発プロセスに取り入れる
——さまざまな現場から見えた4つの視点 …………………………… 039

1-5 ドメイン駆動設計のパターン名&用語集
——用語の解釈で迷子にならないために ……………………………… 049

第**2**章 どうやって実現する?
ドメイン駆動設計実践ガイド
——理論の先にある応用力を身につけよう ……………………… **057**

2-1 ドメイン駆動設計の概要
——本来の目的を再確認し、軽量DDDから脱却する …………… 058

2-2 ユビキタス言語
——定義と効果を理解してチームで実践してみよう ················· 069

2-3 イベントストーミング
——ドメインを解析してモデルを形作る ··························· 080

2-4 イベントソーシング
——イベントストーミング図を基に実装する ····················· 094

第**3**章 正しく理解したい
クリーンアーキテクチャとは何か?
——開発に活かせる設計のエッセンスを探る ························· **107**

3-1 クリーンアーキテクチャの背景
——ブログ記事、書籍、時代背景から用語の意味を押さえる ····· 108

3-2 クリーンアーキテクチャの実体に迫る
——関心の分離、あの有名な同心円状の図、
SOLID原則の要点 ··· 115

3-3 ソースコードから理解する
——典型的なシナリオからクリーンアーキテクチャの
エッセンスを抽出しよう ·································· 126

3-4 アプリケーションから理解する
——密結合→疎結合→クリーンアーキテクチャを体感しよう ····· 137

3-5 モバイルアプリ開発における実践
——アプリアーキテクチャガイドを起点に現実的な方針を考える···· 153

第1章 ドメイン駆動設計入門

設計力を磨きたい！

設計の手法／アイデアの引き出しを増やそう

1-1 ドメイン駆動設計とは？
設計の考え方をつかむ基礎知識
Author 増田 亨
P.6

1-2 ドメインモデルを理解しよう
業務知識をソフトウェアで正しく表現するための考え方
Author 増田 亨
P.17

1-3 分散アーキテクチャと
ドメイン駆動設計
モデルと実装を適切につなぐための3つの設計パターン
Author 増田 亨
P.29

1-4 ドメイン駆動設計を
開発プロセスに取り入れる
さまざまな現場から見えた4つの視点
Author 高崎 健太郎
執筆協力 谷口 公宣
P.39

1-5 ドメイン駆動設計の
パターン名＆用語集
用語の解釈で迷子にならないために
Author 増田 亨 執筆協力 山崎 仁
P.49

マイクロサービスなどの分散アーキテクチャやアジャイル開発における設計のアプローチとして、近年注目を集めている「ドメイン駆動設計」。その元となる書籍『エリック・エヴァンスのドメイン駆動設計』（いわゆる"エヴァンス本"）は、出版から約20年経ってもなお「原典」として読まれ続けています。しかし、その独特な用語や抽象的な解説から、設計の考え方や現場への取り入れ方を理解しづらい面もあるでしょう。

そこで本章では、"エヴァンス本"の要点をかみ砕き、オブジェクト指向、アジャイル開発、分散アーキテクチャとの関係性から、設計の考え方とやり方を解説します。根本の考え方を理解し、現場での実践例を見ることで、設計力アップにつながるでしょう。

1-1 ドメイン駆動設計とは?
設計の考え方をつかむ基礎知識

Author 増田 亨（ますだ とおる）
有限会社システム設計

本節では「ドメインって何?」「どういう設計手法なの?」と
いった設計の根本の考え方を解説し、原典とも言える"エヴァン
ス本"同様3つの観点からドメインモデルの活用方法を見ていきます。ア
プリ開発、オブジェクト指向、アジャイル開発の視点からも設計の考え方をひも解
き、ドメイン駆動設計の基本を押さえましょう。

 はじめに

　ドメイン駆動設計とはなんでしょうか。どの
ようなソフトウェア設計の考え方とやり方をド
メイン駆動設計と呼ぶのでしょうか。この特集
では、1-1節でドメイン駆動設計の基礎知識と
して、原典である『エリック・エヴァンスのド
メイン駆動設計』注1（以降『ドメイン駆動設計』）
を参考に、要点をかみ砕いて説明します。

　続いて1-2節でドメイン駆動設計の中心的な
技法である「ドメインモデル」の作り方と使い
方を説明します。1-3節ではドメイン駆動設計
が注目されている理由の1つであるマイクロサー
ビスなどの分散アーキテクチャとの関係を取り
上げ、1-4節ではドメイン駆動設計を取り入れ
たソフトウェア開発の事例を紹介します。開発
の現場でドメイン駆動設計に取り組む場合の参
考情報となるでしょう。最後の1-5節で、ド
メイン駆動設計に関する用語を、用語集と用語の
関連図としてまとめていますので参考にしてく
ださい。

 ドメイン駆動設計の広がり

　『ドメイン駆動設計』は20年近く前に出版さ
れました。技術書としては比較的古い本と言え

るでしょう。発売された当初から、オブジェク
ト指向でソフトウェア開発をしている技術者を
中心にかなりの反響を呼びました。

　最近になって、マイクロサービスなど分散アー
キテクチャの設計にドメイン駆動設計の手法が
取り入れられたり、アジャイルなプロダクト開
発の設計アプローチとしてドメイン駆動設計を
参考にしたりすることが増えているようです。
また、いわゆる基幹系システムの設計にも取り
入れられるようになってきました注2。20年前と
違って、オブジェクト指向プログラミングが当
たり前になったことも、ドメイン駆動設計が広
く関心を集めるようになった理由の1つでしょう。

 ドメイン駆動設計の
考え方を理解する

　ドメイン駆動設計が前提としている考え方を
図1に示します。ドメイン駆動設計として紹介
されるさまざまなパターン（ユビキタス言語、
境界付けられたコンテキスト、値オブジェクト、
集約、リポジトリなど）は、この図の考え方を
前提としたソフトウェア設計を進めるための手
段です。

　ドメイン駆動設計が前提とする考え方を理解
することで、各パターンの目的と使い方がはっ
きりします。ドメイン駆動設計が前提とする考

注1）Eric Evans 著、今関 剛 監訳、和智 右桂／牧野 祐子 訳、
翔泳社、2011年
（原書は Domain-Driven Design: Tackling Complexity in
the Heart of Software, 2003）

注2）知的資産創造2020年9月号「ドメイン駆動設計によるシス
テム開発」（野村総合研究所）
URL https://www.nri.com/jp/knowledge/publication/cc/
chitekishisan/lst/2020/09/10

▼図1　ドメイン駆動設計が前提としている考え方※

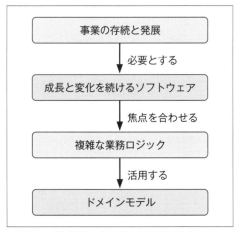

※『ドメイン駆動設計』の「まえがき」を参考に作図

▼図2　システム開発のV字モデル※

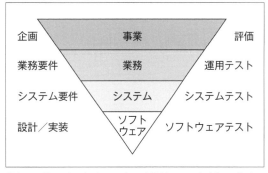

※ https://speakerdeck.com/haru860/sisutemukai-fa-noji-chu-sisutemukai-fa-noquan-ti-xiang-wozhuo-eruvzi-moderu?slide=17

え方を理解していないと、パターンの意図を取り違えたり的外れな使い方をしたりしてしまいがちです。まず、ドメイン駆動設計の基礎となる考え方をしっかりと理解するところからはじめましょう。

事業活動の発展とソフトウェア設計

ドメインとは、ソフトウェアが対象とする「領域」です。業務系のアプリケーションであれば事業活動そのものがドメインです。

アプリケーションの対象領域である事業活動や業務内容を理解することは、ソフトウェア開発の考え方として当たり前のことです。ドメイン駆動設計独自の考え方ではありません。

たとえば、ソフトウェア開発は**図2**のようなV字モデルとしてとらえることができます。ドメイン駆動設計は、このV字モデルの最上部の事業活動と最深部のソフトウェアの設計を直接的に強く関連付けることを目標とします。そして、ドメイン駆動設計は事業活動が発展し変化を繰り返しながら存続していくことに貢献することを目指します。

> 事業活動の存続と発展のためには、事業の変化とともに成長と進化を続けるソフトウェアが必要である

これがドメイン駆動設計の根本にある考え方です。そういう進化を続けるソフトウェアを生み出すための考え方とやり方をエヴァンス氏の知識と経験をもとに言語化したのが『ドメイン駆動設計』です。

ドメイン（対象領域）の複雑さに焦点を合わせる

『ドメイン駆動設計』の「まえがき」でエヴァンス氏は次のように書いています。

> 多くのアプリケーションにおいて、最も重要な複雑さは、技術的なものではない。複雑なのは**ドメインそのもの**、すなわち、ユーザの活動やビジネスなのである。

> ほとんどのソフトウェアプロジェクトにおいて 一番の焦点は、**ドメインとドメインロジック**に合わせなければならない。

エヴァンス氏はソフトウェアが複雑になる根本的な原因を、ソフトウェアが対象とする領域（ドメイン）の複雑さにあると考えました。業務系のアプリケーションであれば、複雑な業務プロセスや業務ルールを深く理解して動くソフトウェアとして実現することがソフトウェア開発の中心課題と考えたわけです。

では、複雑な業務プロセスや業務ルールとは具体的にはどんなものでしょうか。『ドメイン

駆動設計』には次のようなものが複雑な業務ルールの例として説明されています。

・**事業分野**：国際海上コンテナ輸送
・**業務ルール**：
　・オーバーブッキングルール
　・経路選択ルール
　・危険物格納ルール

・**事業分野**：シンジケート式の協調融資
・**業務ルール**：
　・融資枠と融資の分担ルール
　・手数料の配分ルール
　・元金返済の配分ルール
　・金利の配分ルール

　ほとんどのソフトウェア開発者にはなじみがない言葉が多いかもしれません。ドメイン駆動設計は、ソフトウェア開発者がこういう未知の業務領域を対象にアプリケーションを設計するときの考え方とやり方なのです。

　こういう業務ルールは、事業の収益に大きく影響するため複雑になっていきます。事業環境や顧客動向の変化に適応するために、常にルールを追加／調整していく必要があるからです。そうしなければ事業の存続が危うくなります。

　業務ルールが変化すれば、業務アプリケーションも変更が必要です。このような絶え間ない業務ルールとソフトウェアの変更をやりやすくするにはどうすればよいか。そのための考え方とやり方がドメイン駆動設計です。

ドメインモデルを活用する

　ドメイン駆動設計は複雑な業務ルールを動くソフトウェアとして実現し、変更を楽で安全にするために、どのような手法を取り入れているのでしょうか。その中心となるのが**ドメインモデル**です。

　モデルは簡略化です。膨大な情報の中から要点を抜き出してわかりやすく整理したものがモ

▼図3　ドメインモデルの活用方法

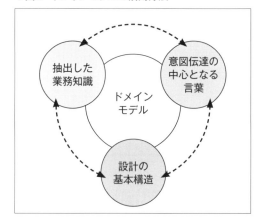

デルです。ソフトウェアの対象領域（ドメイン）である事業活動の複雑さの要点を整理して簡略化したものがドメインモデルということです。

　また、モデルは人間の頭の中に作られるイメージです。頭の中のイメージを表現する方法は次のようにいろいろあります。

・自然言語（会話や文書）
・図などの視覚表現
・プログラミング言語

　モデルの表現方法として形式の整った図や文書を重視する手法があります。ドメイン駆動設計はそういう形式的な手法よりも「カジュアルな会話」「ラフスケッチ」を重視します。また形式的にモデルを記述する方法としてはプログラミング言語を使います。モデルをソースコードで表現することを重視するのもドメイン駆動設計の特徴の1つです。

　ドメイン駆動設計ではドメインモデルを3つの目的（**図3**）で使います。

　先ほど説明した「国際海上コンテナ輸送」や「シンジケート式の協調融資」のアプリケーションを作るために、どうやってドメインモデルを活用するのでしょうか。モデルの活用方法は『ドメイン駆動設計』第1部の3つの章で説明されています。

▼図4 オーバーブッキングの単純なモデル

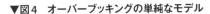

航海	*	貨物
積載量		サイズ

・第1章：知識をかみ砕く
・第2章：コミュニケーションと言語の使い方
・第3章：モデルと実装を結びつける

　本記事でも順番にドメインモデルの使い方を見ていきましょう。

知識をかみ砕く

　複雑な業務ルールを理解して動くソフトウェアを作るには、業務のやり方や決めごとを開発者が理解することが必要です。そして、学んだ内容を整理し重要な点を見つけ、あまり重要でない情報はノイズにならないようにいったん脇に置いておきます。

　たとえば、コンテナ輸送のオーバーブッキングルールを学ぶときは、次のような単純な理解からはじめることになるでしょう（**図4**）。

・1回の（貨物船の）航海で複数の貨物を運ぶ
・航海は積載量が決まっている
・貨物にはそれぞれサイズがある

　こういう基礎的な知識があれば、次のルールはなんとなく理解できるでしょう。

・オーバーブッキングルール：貨物サイズの合計は積載量の110%まで予約可能とする

　この程度の単純なルールであれば、数行のコードで簡単に書けるでしょう。

 継続的な学習と深い理解

　実際のオーバーブッキングルールはこんなに単純なものではありません。業務知識を広げていくと、次のような条件を要求事項として知る

ことになるでしょう。

・主要顧客の優遇
・特定の貨物の優先
・季節や航路による許容範囲の違い

　このように対象領域の知識を継続的に学んでいくことがソフトウェアを開発するための重要な活動になります。要求事項の具体的で詳細な記述があれば、業務ルールを実装すること自体はそれほど難しいことではないでしょう。

　では、なぜこういうルールがあるのでしょうか。そこまで理解できるとソフトウェア設計の質がだいぶ変わってきます。

　輸送業では、予約にはキャンセルがつきものであることが常識です。そして、予約が過少であれば積載量に空きが生まれ、そのぶんの売上を失ってしまいます。一方、過大な予約を受け付けると積載できない貨物が出てしまいます。予約したのに輸送できなければ、顧客の信頼を失います。それを避けるために積み残しぶんを割高な代替輸送で対応すれば、費用が膨らみ利益を圧迫します。

　つまり、予約時のオーバーブッキングは、輸送事業の売上と利益を左右する重要な経営課題だということです。そして、予約とキャンセルの実績データを分析して、常にオーバーブッキングルールを調整することが、事業の存続を左右します。

　こういうところまで理解できてくると、オーバーブッキングルールを数行のif文でどこかに書いておけばよい、という設計ではまずいと判断できるようになります。業務を深く理解して複雑な業務ルールを動くソフトウェアとして実装するドメイン駆動設計とは、こういう設計の考え方とやり方なのです。

コミュニケーションと言語の使い方

　先ほどの深さまでオーバーブッキングの知識を習得するには、**図5**のようにさまざまな情報

▼図5 オーバーブッキング知識の情報源

```
┌─────────────────────────────────────────────────────────────┐
│         ┌──────────────────┐    ┌──────────────────┐         │
│         │  一般的な業務知識   │    │  類似システムの     │         │
│         │(ネット検索や書籍) │    │   開発経験者       │         │
│         └──────────────────┘    └──────────────────┘         │
│  ┌──────────────┐     ┌──────────────────┐  ┌──────────────┐ │
│  │  事業や業務の  │     │ オーバーブッキングの知識 │  │ 現行システムの │ │
│  │  責任者の説明  │     │ ・ルールの詳細         │  │  保守担当者   │ │
│  └──────────────┘     │ ・ルールの背景や目的    │  └──────────────┘ │
│  ┌──────────────┐     └──────────────────┘  ┌──────────────┐ │
│  │ 業務を担当している │                         │ 現行システムの │ │
│  │   人の説明     │                         │  ドキュメント  │ │
│  └──────────────┘                         └──────────────┘ │
│         ┌──────────────┐    ┌──────────────┐                │
│         │  業務マニュアル  │    │ 現行システムの │                │
│         │              │    │  ソースコード  │                │
│         └──────────────┘    └──────────────┘                │
└─────────────────────────────────────────────────────────────┘
```

源から情報を集め、解釈し、整理することが必要になるでしょう。こういう知識の習得にはやっかいな問題が2つあります。

・それぞれの情報源で用語や言い回しが異なる
・知りたいこと以外の情報が大量に含まれている

こういう問題を解決する手段としてモデルが役に立つ、というのがドメイン駆動設計の考え方です。

 ## 用語や言い回しが異なる問題

業務についてまったく知識がなければ、関係者とはほとんど話が通じません。まずは予備知識として基本的な用語とその意味を知るためにネット上で検索してみたり本を読んでみたりするのが良いでしょう。

ある程度の知識が身につけば、業務の担当者の言葉が少しずつ理解できるようになるでしょう。担当者だけでなく、業務の責任者や事業の責任者の話を聞く機会があるかもしれません。業務マニュアルがあれば、それも重要な情報です。システム面では、現行システムのドキュメント、ソースコード、保守担当者の話、類似システム開発の経験者の話も貴重な情報源になるでしょう。

しかし、それぞれの情報源では、用語や言い回しが異なります。同じ言葉の意味が微妙に違っていたり、同じことを異なる名前で呼んでいたりするかもしれません。

一般的な業務用語と特定の企業内部で使われている言葉は、完全には一致しません。部門間でも異なるでしょうし、担当者と責任者では同じ言葉を使っているようでも、物の見方や重視する点が異なります。

業務で使われている言葉とシステムの実装に使われている名前は、一致していないことが多いかもしれません。保守担当者の説明とドキュメントやソースコードが一致しているとも限りません。類似システムの開発経験者の言葉は、その類似システム独自の用語と言い回しかもしれません。

ドメイン駆動設計の**ユビキタス言語**は、こういう言葉のばらつきの問題を解決するための考え方です。簡単に言えば「同じ言葉を使って開発する」というのがユビキタス言語の考え方です。

 ## ユビキタス言語

ユビキタスは「いつでも、どこでも」という意味の言葉です。業務の専門家とソフトウェア開発の専門家が、それぞれ別の言葉を使うのではなく、ソフトウェアのさまざまな活動を通じて一貫して「同じ言葉を使ってソフトウェアを開発しよう」ということです。

開発を進めるための言葉の数は膨大です。それらをすべて洗い出して意味を定義する「辞書作り」のようなやり方は現実的ではありません。

まず、当面の課題にとって重要な言葉を特定し選び抜きます。その選び抜いた言葉を全員で意識して同じ意味で使うようにすれば、その言

葉が軸になって、その周りにある言葉の意味や使い方も整合するようになる、というのがドメイン駆動設計のユビキタス言語の考え方です。そして、選び抜いた軸となる言葉の集まりがドメインモデルなのです。

先ほどの知識の習得にでてきた航海、積載量、貨物、サイズなどがドメインモデルの基本語彙となります。ドメインモデルが成長するにつれ、軸となる言葉が増えていき、同じ言葉を使って開発をしている範囲が広がっていきます。

ユビキタス言語は、業務に詳しい人たちと開発者との間の会話に使うだけではありません。同じ言葉を開発者同士の会話、ソースコードのクラス名やメソッド名、コミットログなどにも使うから「ユビキタス（いつでも・どこでも）」なのです。

大量の情報を整理する

オーバーブッキングに関する情報源には、オーバーブッキング以外の情報が大量に含まれています。どの情報源も、当面の関心事であるオーバーブッキングに焦点を合わせた構成や説明にはなっていないでしょう。

そういう大量の情報の中から、当面の課題に必要な情報だけ、重要な情報だけを抜き出すのが「モデルを作り出す」という活動です。

情報は、用語と用語がつながったネットワーク構造になっています。その広大な言葉のネットワークの中から、オーバーブッキングに関する重要な用語と、用語と用語をつなぐ重要な関係だけを抜き出したのがオーバーブッキングのモデルになります。

このモデルは人間の頭の中にあります。図で表したり文書にしたりソースコードで書いてみたり具体的な形にすることで、お互いの頭の中にあるモデルの認識を合わせ、意図の伝達を円滑かつ迅速にできるようになります。

図4のような単純なモデルを使いながら、同じ言葉を同じ意味で使うことを意識することでソフトウェアの開発をうまく進められるように

なる、というのがドメイン駆動設計の考え方です。

モデルと実装を結びつける

モデルは知識の習得と整理の道具であり、意図を伝えるための認識合わせの道具です。そして、その知識と意図は、最終的な成果物である動くプログラムのソースコードに結びつきます。

ドメイン駆動設計では、知識の整理や認識合わせに使うモデルをそのままプログラムの基本構造とすることを強く主張します。翻訳では「結びつける」となっている部分の原語は bind です。bindは、たとえばバインダーという言葉から想像できるように、力強くぎゅっと一体にするという意味合いの言葉です。「モデルと設計は相互に関連する」という一般的なことを言っているのではなく、「モデルと実装は一体であるべきだ」ということです。

知識の整理や意図の伝達の役に立つが、設計としては役に立たないというモデルもたくさんあります。そういうモデルを開発者がなんらかの方法で読み替えながらソフトウェアを設計するのではなく、「設計にそのまま使えるモデルを使って知識の整理や意図の伝達もやる」「設計、知識の整理、意図の伝達の3つの用途に役に立つ1つのモデルを見つけ成長させていく」というのが、ドメイン駆動設計の基本となる考え方です。

モデルと実装を結びつける具体的な設計のパターンとして**値オブジェクト**や**集約**などがあります。モデルと実装を結びつけるためのこれらのパターンについては1-2節で説明します。

アプリケーション開発とドメイン駆動設計

ここまで説明してきたように、ドメイン駆動設計の関心の焦点は「複雑な業務ロジック」です。画面、データベース、通信ネットワークなどは、ドメイン駆動設計の主要な関心事ではありません。

もちろん、アプリケーション全体を動かすためには、複雑な業務ロジック以外の要素の設計

と実装が必要です。コードの量や設計に費やす時間を考えると、アプリケーション全体から見れば複雑な業務ロジックに関係する活動は小さな部分かもしれません。

ドメイン駆動設計では、アプリケーション全体の設計と複雑な業務ロジックの設計を次のように考えます（**図6**）。

・複雑な業務ロジックを独立した構成要素として分離する
・アプリケーションのほかの構成要素を業務ロジックを表現した構成要素に依存させる

画面、データベース、通信で扱う対象は、複雑な業務ロジックとは関係しない部分もたくさんあります。ドメイン駆動設計では、複雑な業務ロジックに関係する部分を全体の中核ととらえ、全体の中心にドメインモデル（のプログラム表現）を据えます。

画面、データベース、通信の詳細の中から、複雑な業務ロジックに直接関係する部分に焦点を合わせ、そうでない部分は周辺的な関心事として分けて考えます。

この考え方は『ドメイン駆動設計』の第4章「ドメインを隔離する」で説明されています。ただし、この説明は図がわかりにくく技術的な実現方法の具体例はほとんど書かれていません。

以降のアーキテクチャの説明は、『ドメイン駆動設計』に書かれている内容の紹介ではありません。一般的にソフトウェアのアーキテクチャ

パターンとして知られている内容をドメイン駆動設計の視点から説明します。

複雑な業務ロジックを独立した構成要素にする

ドメイン駆動設計でアプリケーションを開発するときに重要なのが、複雑な業務ロジックを記述する部分をほかの構成要素から分離することです。

アプリケーションを構築するには、次のような機能が必要です。

・データの記録と参照
・通信を使った通知やデータ転送
・画面を使った表示や入力

ドメイン駆動設計では、これらの関心事から、業務ロジックを記述する部分を分離して独立させます。

複雑な業務ロジックをわかりやすく整理しソフトウェアとして記述するために、業務ロジックだけに集中します。その他の関心事は混在させないようにします。ただでさえ複雑な業務ロジックに、画面、データベース、通信の関心事が混ざりこむと、さらに複雑になるばかりです。

業務ロジックを独立させるための設計スタイルの1つが「ドメインモデル」です。ドメインモデルについては1-2節で詳しく説明します。

ほかの要素を業務ロジックに依存させる

ドメイン駆動設計では業務ロジック（ドメイ

▼図6　ドメイン駆動設計のアーキテクチャイメージ

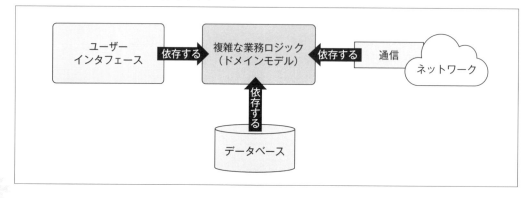

ンモデル）がアプリケーションの中核の構成要素です。

画面、データベース、通信の処理は、中核のドメインモデルの周辺にあり、ドメインモデルを利用する形になります。つまり、ほかの要素はドメインモデルに依存します。

ドメインモデルとほかの要素のつなげ方には、次のようにさまざまな考え方があります。

・ドメインモデル＋3層構造
・ドメインモデル＋ポート＆アダプター
・クリーンアーキテクチャ

ドメインモデルを中核にするという点では基本は同じですが、ドメインモデルとどう関連付けるかについて考え方の違いがあります。

✦ ドメインモデル＋3層構造

ドメインモデル＋3層構造（図7）は、従来からある3層構造を基本に、ドメインモデルを分離独立させるパターンです。

ドメインモデルをほかの構成要素が直接利用することを重視します。画面の表示にドメインモデルのオブジェクトをそのまま使ったり、データベースのテーブルにドメインモデルのオブジェクトをそのままマッピングしたりします。

変換が必要なところも出てきますが、考え方として「できるだけドメインモデルのオブジェクトをそのまま使う」ことを重視します。ドメインモデルの設計にほかの部分が依存することで、アプリケーション全体が業務知識の理解を適切に反映できるという考え方です。ドメインモデルに変更があった場合、それが画面やデータベースに影響するのは良いこととととらえます。

✦ ドメインモデル＋ポート＆アダプター

ドメインモデル＋ポート＆アダプター（図8）は、アプリケーションの構成要素をコア（中核）と周辺（アダプター群）に分離するという考え方で、『ドメイン駆動設計』が登場する以前からあります。

▼図7　ドメインモデル＋3層構造

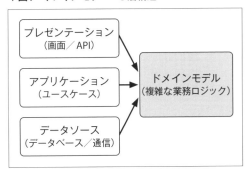

▼図8　ドメインモデル＋ポート＆アダプター

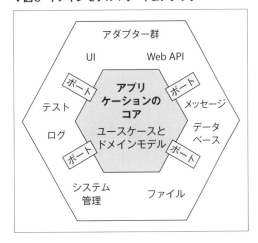

ドメイン駆動設計の観点からは、ドメインモデルがアプリケーションのコアの重要な構成要素となります。アプリケーションのコアにはドメインモデルと、アプリケーション機能を実現するユースケースも含まれると考えてよいでしょう。

ドメインモデルをコアとして、ほかのアプリケーションの構成要素から分離するというポート＆アダプターの考え方は、ドメイン駆動設計でアプリケーションを開発する場合の良い選択肢と言えるでしょう。

ドメインモデル＋3層構造とドメインモデル＋ポート＆アダプターの違いは、周辺の構成要素の抽象化の違いととらえることができます。

ドメインモデル＋3層構造は、それぞれの構成要素とドメインモデルの関係は別々の構造というとらえ方です。ドメインモデル＋ポート＆アダプターは、さまざまな周辺の構成要素を「ア

▼図9　クリーンアーキテクチャ

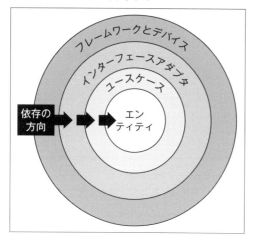

ダプター」として一般化して、アプリケーションのコアと周辺のアダプターをつなぐしくみを「ポート」として一般化したものととらえることができます。

☀ クリーンアーキテクチャ

ドメイン駆動設計と関連して扱われるアーキテクチャの考え方として、クリーンアーキテクチャがあります。クリーンアーキテクチャには2つの側面があります。アーキテクチャの設計原則という側面と、その原則をどう実現するかの手法という側面です。

設計原則としてのクリーンアーキテクチャの考え方は、次のように非常にシンプルです。

・関心を分離すること
・分離した構成要素の依存関係を単純にすること

この原則を絵にしたものが、**図9**の同心円と内側に向かう矢印です。関心の分離の例として同心円を4つ描いていますが、書籍『クリーンアーキテクチャ』注3の中で著者のロバート・マーチン氏は「4つに限るものではない」ということを書いています。重要なのは数ではなく、関心を分離することです。

注3）Robert C. Martin 著、角 征典／髙木正弘 訳『Clean Architecture』（アスキードワンゴ、2018年）

この原則の実装方法も『クリーンアーキテクチャ』で説明されています。境界での分離を徹底するのであれば、それぞれの境界でインターフェースを宣言して、制御の流れとソースコードの依存関係を逆転させます。さらに、境界をまたがって同じデータ構造に依存しないように、外から内への引き渡し用のデータ構造と、内から外への引き渡し用のデータ構造をそれぞれ定義して、各構成要素の内部のデータ構造と境界用のデータ構造は必ず変換するようにします。そうすることで、境界をまたがった依存関係をできるだけ少なくします。

ロバート・マーチン氏が書いているとおり、このような「本格的なアーキテクチャの境界」を実装することは「コストが高く」なります。関心の分離と依存方向の単純化という設計原則に従いつつ、より簡略に境界を実装する方法もいくつか紹介されています。ドメインモデル＋3層構造やドメインモデル＋ポート＆アダプターは、その簡略な方法を採用したアーキテクチャスタイルととらえることができます。つまり、3つのアーキテクチャの基本的な設計原則は同じだということです。

なお、クリーンアーキテクチャの中央には「エンティティ」という名前がついていますが、これは『ドメイン駆動設計』の「エンティティ」とは異なることに注意してください。

『クリーンアーキテクチャ』では、業務ロジックの自然な置き場所はエンティティクラスである、という考え方です。それに対し『ドメイン駆動設計』の「エンティティ」は、個体を識別するためのクラスであって、計算や判断の業務ロジックの置き場所ではありません。ドメイン駆動設計では、計算判断ロジックは値オブジェクトや集約に記述するという考え方です。

データの入出力と業務ロジックの分離

アプリケーション全体で見れば、業務ロジックとは呼べないような単純な入出力処理もたくさんあります。画面の入力内容を簡単にチェッ

クしてデータベースに記録するとか、データベースの内容を画面やJSONとして出力するだけ、というような処理です。

アプリケーションとしてはこういう単純な入出力の機能は必要ですし、数としては単純な入出力機能のほうが多いかもしれません。

また、複雑な業務ロジックが関係するのは画面の一部の項目だけとか、テーブルの特定の項目だけ、ということもあります。

こういう単純な入出力処理や、複雑な業務ロジックとは関係しないデータ項目について、ドメイン駆動設計の考え方は次のようになります。

・複雑な業務ロジックに焦点を合わせて、そこに関係する画面、テーブル、通信を重点的に設計する
・そのあとで、業務ロジックが単純な機能や、業務ロジックがあまり関係しないデータの処理機能を追加していく

このやり方だと、画面、テーブル、クラス、パッケージに複雑な業務ロジックと、そうでない要素が混在することになりがちです。そこをひと手間かけて分離するのが「複雑な業務ロジックに焦点を合わせる」のドメイン駆動設計の開発のやり方です。

具体的なやり方としては、次のような手法を組み合わせることになります。

・複雑な業務ロジックを表現するクラスと、そうでないクラスは厳密に分離する
・複雑な業務ロジックを表現するクラスだけをドメインモデルに置く
・必要であれば両方のクラスを合成するためのクラスを作る
・合成用のクラスはドメインモデルの外に置く
・合成用のクラスのオブジェクトを組み立てたり、合成用のクラスから業務ロジックを表現したドメインモデルのクラスのオブジェクトを抽出する処理を持つクラスをドメインモデルの外に置いたりする

実際には、ドメインモデルの外側のアプリケーションサービスクラス（ユースケースクラス）に業務ロジックが入り込むことや、ドメインモデルのクラスに、業務ロジックに関係しないフィールドが追加されることはよく起こります。

そういう性格の異なる要素の混在に気がついたら、その都度、入出力の関心事と業務ロジックの分離を意識して、ロジックの移動などの設計改善（リファクタリング）をこまめに行うのが、ドメイン駆動設計の開発スタイルです。そして、そういう地道で基本的なリファクタリングを積み重ねることが、業務知識の深い理解にたどりつき、隠された概念を明示的にする方法を発見できる機会を増やすことにつながります。

ドメイン駆動設計とオブジェクト指向プログラミング

エヴァンス氏が『ドメイン駆動設計』で説明しているのは、オブジェクト指向プログラミングの考え方でソフトウェア開発をした経験則です。より具体的には、業務ルールに関係する業務データと業務ロジックを1つのクラスにカプセル化する設計のやり方です。刊行当時の20年前のJavaを使って説明しています。

現在では20年前に比べてJavaもずいぶん変化してきています。Javaをはじめさまざまなプログラミング言語に関数的なプログラミングの考え方が取り入れられています。

また『ドメイン駆動設計』の中でも、関数的なプログラミング（Schema）や論理的なプログラミング（Prolog）でドメイン駆動設計に取り組む可能性にも触れています。

しかし、ドメイン駆動設計に取り組んでいる事例として多いのは、今でもJavaを中心にしたクラスを使ったオブジェクト指向プログラミングに関するものです。

エヴァンス氏本人が書いているように、オブジェクト指向プログラミングでないアプローチも可能でしょうし、Java以外のプログラミング言語での実践も、もちろん可能でしょう。

ただし、クラスや型（値の種類の分類）を使った『ドメイン駆動設計』のアプローチを実践するとしたら、これからもオブジェクト指向プログラミングの考え方とJavaのような業務アプリケーションでの開発事例が多い言語を使うほうが、参考情報が手に入りやすいでしょう。

『ドメイン駆動設計』の設計アプローチには、バートランド・メイヤー氏の『オブジェクト指向入門』[注4]の次の考え方の影響も大きいようです。

・ソフトウェアの分解は機能ではなく型（値の種類の分類）に基づいて行うほうがよい
・型はクラス（オブジェクトの分類）に基づく
・クラスを唯一のモジュール（プログラミング単位）とする

簡単に言えば、クラス（オブジェクトの分類）と型（値の種類の分類）とモジュール（プログラムの構成単位）を一致させる、という設計のアプローチです。Javaはこの考え方に近いプログラミング言語といえるでしょう。

『ドメイン駆動設計』の第3部「より深い洞察に向かうリファクタリング」で説明している「暗黙的な概念を明示的にする」やり方や「しなやかな設計」を手に入れるやり方の説明には、このメイヤー流のクラス設計の考え方があちこちで使われています。

ドメイン駆動設計とアジャイルなソフトウェア開発

エヴァンス氏自身はXP（エクストリームプログラミング）での開発経験が多かったようです。リファクタリングや顧客とのコミュニケーションが『ドメイン駆動設計』に繰り返し登場するのは、そういう背景があるからでしょう。

エヴァンス氏は、インクリメンタルな開発スタイルであればXP以外の手法でも『ドメイン駆動設計』に書いた考え方とやり方を実践でき

注4）Bertrand Meyer 著、二木 厚吉 監訳、酒匂 寛／酒匂 順子 共訳、アスキー、1990年（原書は Object-oriented software construction, 1988）。なお原書、翻訳ともに第2版が刊行されています。

るはずだと書いています。

筆者の考えとしては、エヴァンス氏のこの見解は、20年経った現在では結果としてはずれていたように思います。リファクタリングと顧客との対話を頻繁に行うというXPのやり方が、『ドメイン駆動設計』の考え方とやり方を実践するのに最も向いているように思います。

ほかのアジャイル手法や、ウォーターフォール的なやり方であっても、部分的には『ドメイン駆動設計』の考え方とやり方を取り入れることはでき、ある程度の効果は得ることは可能だと思います。

ただし、そういう部分的に取り入れるのと、リファクタリングと顧客との頻繁な対話を中心に据えたやり方とでは、ドメイン駆動設計に取り組んだときの効果、質、スピードにだいぶ違いが出てくるように思います。

開発のやり方とドメイン駆動設計の関係については1-4節で事例をまじえて説明します。

1-1節のまとめ

ドメイン駆動設計は、事業とともに成長し発展するソフトウェアを生み出すための設計の考え方とやり方です。

そのために複雑な業務ロジックに焦点を合わせ、ドメインモデルを「業務知識の整理」「意図の伝達の基本語彙」「クラス設計の骨格」の3つの用途に活用します。

アプリケーション全体の構成として、業務ロジックを表現するドメインモデルをほかの構成要素から明確に分離します。

設計のやり方は、型、クラス、モジュールを一致させ、関連する業務データと業務ロジックをクラスを使ってカプセル化するオブジェクト指向プログラミングです。

開発のやり方は、コミュニケーションとリファクタリングを活発に行うXPのインクリメンタルな設計活動が最も適しています。**SD**

1-2 ドメインモデルを理解しよう
業務知識をソフトウェアで正しく表現するための考え方

Author 増田 亨（ますだ とおる）
有限会社システム設計

ドメイン駆動設計は複雑な業務ロジックに焦点を合わせた設計の考え方とやり方です。その中心となるのがドメインモデルのクラス設計です。この節ではドメインモデルのクラス設計について説明します。改善を続け、成長し続けるソフトウェアを開発するための基本を身につけましょう。

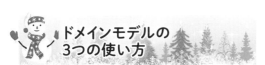

ドメインモデルの3つの使い方

1-1節で説明したように、ドメイン駆動設計では1つのモデルを次の3つの用途に使います。

・業務知識の要点の整理
・関係者が意図を伝えるときの基本語彙
・クラス設計の基本構造

つまり、ドメインモデルのクラスを設計するということは、業務知識の整理であり、関係者の間で意図を正しく伝えるための基本語彙の選択をしているということです。

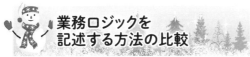

業務ロジックを記述する方法の比較

ドメインモデルは、業務ロジック（ドメインロジック）を記述する方法の1つです（図1）。そのほかの方法には、トランザクションスクリプトとテーブルモジュールがあります注1。

トランザクションスクリプト

トランザクションスクリプトは、画面やWeb APIからのリクエストを処理する入出力手順を中心に記述する方式です（図2）。その記述の中に計算判断の業務ロジックを必要に応じて埋め込みます。同じような計算判断ロジックが異なるトランザクションスクリプトに重複したり、本来は関連している業務ルールが断片化して記述されたりしがちです。複雑な業務ルールの整理と記述には向きません。

注1) Martin Fowler 著、長瀬 嘉秀 監修・翻訳『エンタープライズアプリケーションアーキテクチャパターン』、翔泳社、2005年
URL https://www.shoeisha.co.jp/book/detail/9784798105536

▼**図2　トランザクションスクリプト**

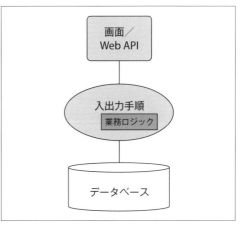

▼**図1　業務ロジックを記述する3つの方法**

ドメインモデル

ドメインモデルでは業務ロジックの記述とデータを記録し参照する入出力処理の記述を明確に分けます（図3）。ドメインモデルを構成するクラスには業務ルールに基づく計算判断ロジックだけを記述します。データの記録と参照はアプリケーションクラス（ユースケースクラス）として、ドメインモデルとは別の種類のクラスとして記述します。業務ロジックを入出力の関心事から分離することで、複雑な業務ロジックの整理と記述がやりやすくなります。

テーブルモジュール

テーブルモジュールは、テーブルのCRUD操作（Create、Read、Update、Delete操作）の中に必要に応じて業務ロジックを埋め込む方式です（図4）。業務ロジックの記述はテーブル単位になります。

複数のテーブルをまたがる業務ロジックはうまく記述できません。そういう業務ロジックを記述するためにトランザクションスクリプト方式のクラスを追加したりします。

記述方式の選択

トランザクションスクリプト（図2）とテーブルモジュール（図4）は図にすると似た構造に見えますが、実際はクラス設計の方針が異なります。トランザクションスクリプトでは画面やWeb APIからのリクエスト単位の構造になり、テーブルモジュールはテーブル単位の構造になります。画面とテーブルが1対1に対応している場合には、両者は基本的に同じ構造になります。

業務ロジックが単純であれば、トランザクションスクリプトやテーブルモジュールも選択肢の1つです。

業務ロジックが複雑な場合はドメインモデル方式を選択するほうが理にかなっています。複雑な業務ロジックに焦点を合わせるドメイン駆動設計の考え方からすればドメインモデルを選択することになります。

事業活動のモデルを作る

複雑な事業活動の要点を整理して理解するためのモデルを作るやり方として代表的なアプローチは3つあります。

・業務プロセスに注目する
・業務データに注目する
・業務ルールに注目する

アプリケーションを作るときは、この3つのアプローチを組み合わせて使います。どれか1

▼図3　ドメインモデル

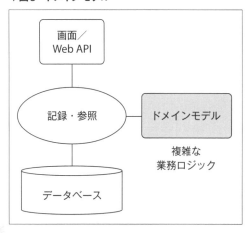

▼図4　テーブルモジュール

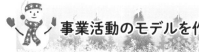
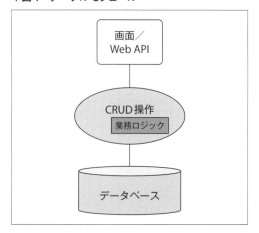

つのアプローチだけでは見える内容が偏ったり歪んだりして、良い設計はできません。

ここでは「複雑な業務ロジックに焦点を合わせる」というドメイン駆動設計の観点から、3つのアプローチを説明します。

 ## 業務プロセスに注目する

業務プロセスのモデリングは、コンピュータシステムが登場する以前から業務の効率化などの目的でさまざまな手法が使われてきました。業務を進めるための一連の活動を業務フロー図やUMLのアクティビティ図などで表現します。

ここでは、貨物運搬の予約フローを題材に説明します（**図5**）。

図5のように業務の流れの視点からは「オーバーブッキング」の業務ルールの存在は見えません。この業務フロー図を詳細化して「予約可否の判断」という分岐アクションが出てくればオーバーブッキング判断の業務ルールは分岐条件として発見できるでしょう。

あるいはこの図をもとに「予約する」機能の「ユースケース記述」を書けば、代替コースの一部としてこの業務ルールが見つかるかもしれません。

いずれにしても図のような概略の業務プロセスのモデルではオーバーブッキングという業務ルールの存在は明示されません。

業務プロセスに注目するモデルを中心に開発する場合、実装方式はトランザクションスクリプトになることが普通です。業務ステップごとに画面の詳細を定義し、処理詳細やユースケース記述を書けば、それが画面からのリクエストを処理するトランザクションススクリプトの仕様書になります。オーバーブッキングの計算判断ルールは、トランザクションスクリプトのどこかにif文などで記述することになるでしょう。

▼図5　予約の業務フロー

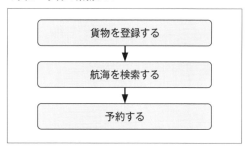

 ## 業務データに注目する

コンピュータシステムは簡単にいえばデータを処理するためのしくみです。業務活動をデータの視点からモデリングするのはシステムの設計として自然なアプローチと言えるでしょう。

データに注目するモデリング手法はいろいろあります。よく使われる手法としてイベントとリソースに分けてモデリングする手法があります（**表1**）。

基本的な考え方は次のとおりです。

・業務で関心のあるデータ（管理したいデータ）には、なんらかの管理番号がつく
・その管理番号に注目して関連するデータを1つのかたまりにまとめる
・関心事は事実（イベント）とそれ以外（リソース）の2種類ある
・イベントは必ずタイムスタンプを持つ

予約のデータモデルは**図6**のようになります。

データモデルでは、まず管理番号に注目します。その管理番号に関連するさまざまなデータを属性として見つけていきます。データモデリングを進める中で、航海の属性として積載量が、貨物の属性としてサイズが見つかるでしょう。

ただし、それぞれのテーブルの属性として積載量やサイズが見つかっても、データモデルか

▼表1　業務データのモデル化

データの種類	説明	例	特徴
イベント	起きた事実（ファクト）	受注・出荷・請求	管理番号とタイムスタンプを持つ
リソース	イベント以外の管理対象	顧客・商品・場所	管理番号を持つ

▼図6　予約のデータモデル

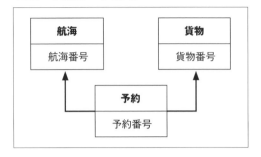

▼図7　予約の業務ルールモデル

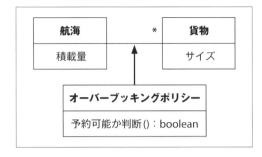

ら「オーバーブッキング」という業務ルールは見えてきません。さまざまな属性を精緻に分析すれば発見はできるかもしれませんが、そこまでデータモデリングをすることは多くはないでしょう。

　業務データに注目するモデルを中心に実装する方法として有力な選択肢はテーブルモジュールです。テーブルへのCRUD（Create、Read、Update、Delete）アクションと業務機能をマッピングするやり方です。オーバーブッキングの業務ルールは、おそらく予約レコードのinsert時の検査ロジックの一部として記述されることになるでしょう。

 ## 業務ルールに注目する

　ドメインモデルは、業務ルールの計算判断ロジックそのものを対象にモデルを作ります。ドメイン駆動設計は業務ルールに注目してドメインのモデルを作る考え方とやり方の1つです。業務ルールを表現する概念をクラスで表現しながら、業務ルールに基づく計算判断のロジックの置き場所としてメソッドを作っていくというスタイルです。

　『ドメイン駆動設計』[注2]の第1章に出てくる予約のモデルは図7のようになっています。業務ルールとして「オーバーブッキングポリシー」という言葉（クラス名）が登場します。「貨物」の左の星印（*）は「多重度が複数」というUML

記法[注3]です。この多重度は「1つ」の航海で「複数」の貨物を輸送することを表現しています。

　予約のデータモデルと似ていますが、以下の点が異なります。

・管理番号の代わりに積載量／サイズという属性に注目している
・予約を航海と貨物の関係（線）として表現している
・データモデルの予約の代わりに業務ルールであるオーバーブッキングクラスが明記されている

　業務データに注目したモデル（図6）と業務ルールに注目したモデル（図7）を比較してみると、ドメイン駆動設計の「業務ルールに焦点を合わせる」という考え方が理解できると思います。

　業務フロー図やデータモデル図は見る機会が多く、自分で描いたことがある人も多いでしょう。それに比べ業務ルールモデルのようなクラス図を描いた経験がある人は少ないかもしれません。しかし複雑な業務ルールに焦点を合わせる『ドメイン駆動設計』のドメインモデルは、このような業務ルールのモデルなのです。

　では、このような業務ルールに焦点を合わせたモデルをどうやって作っていくのでしょうか。そのやり方として参考になるのが『ドメイン駆動設計』に書かれているパターンです。『ドメイン駆動設計』に出てくるパターンと関連付け

注2）エリック・エヴァンス 著、今関 剛 翻訳・監修、和智 右桂、牧野 祐子 翻訳、翔泳社、2011年
URL https://www.shoeisha.co.jp/book/detail/9784798121963

注3）Unified Modeling Language。

ながら予約の業務ルールのモデルをどう導き出していくかを確認しましょう。

ドメインモデルを作るための基礎知識

ドメインモデルは複雑な業務ルールをソフトウェアとして表現するための考え方とやり方です。具体的なやり方は、書籍『ドメイン駆動設計』のおもに第2部「モデル駆動設計の構成要素」と第3部「深い洞察に向かうリファクタリング」でいろいろなパターンとして紹介されています。

これらのパターンの説明に入る前に、ドメインモデルを作るときに前提となる知識を整理しておきましょう。

・ドメインモデルの3つの用途（図8）
・業務ルールとその複雑さ

ドメインモデルの3つの用途を意識する

『ドメイン駆動設計』の第2部で紹介されている「エンティティ」「値オブジェクト」「集約」「リポジトリ」などのパターンは、クラス設計のパターンとして説明されることが多いようです。

しかし、クラス設計はドメインモデルの3つの用途のうちの1つでしかありません。ドメインモデルは、上述のとおり次の2つの用途でも重要な役割を果たします。

・業務知識の整理
・関係者が意図を伝えるときの基本語彙

たとえばエンティティはクラス設計のパターンです。そして同時に業務として何が重要な関心事であるかを発見する手段です。エンティティのクラス名を考えるということは、関係者が意図を伝え合うための共通の語彙を増やすということです。

ドメイン駆動設計に出てくるパターンはドメインモデルを作るためのパターンであり、「ドメインモデルを3つの用途で使う」ことを意識すると、それぞれのパターンの意味と使いどこ

▼図8　ドメインモデルの3つの用途

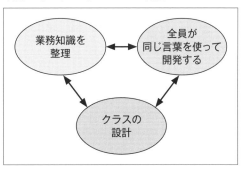

ろがはっきりしてきます。

業務ルールとその複雑さ

ドメインモデルを作るのは複雑な業務ルールを動くソフトウェアとして実現するためです。では業務ルールとは何でしょうか。ドメインモデルを作りながら業務ルールを理解し整理するとはどういうことでしょうか。

業務ルールを理解する基礎知識として次のような視点から事業活動をとらえることが役に立ちます。

・価値の提供と対価
・約束と実行
・売上と費用
・市場での競争と事業の存続可能性

どれも技術的な視点ではありませんが、ドメイン駆動設計は、こういう事業活動のとらえ方の知識を広げ、理解を深め、その成果をソフトウェア設計に反映するという設計の考え方です。プログラミング言語を使ってクラスを定義するという技術的な活動と、事業活動の枠組みや制約を理解する活動を一体として進める開発手法です。事業の視点と技術の視点を円滑に連動させる道具としてドメインモデルを3つの用途で活用するのがドメイン駆動設計のアプローチです。

複雑な業務ルールに立ち向かうための準備として、先ほど挙げた事業活動を理解する4つの視点を押さえておきましょう。

▼図9　価値の提供と対価

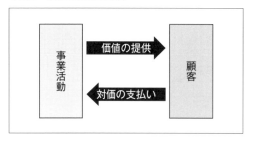

▼図10　顧客への価値の提供（貨物の輸送）

▼図11　輸送の対価

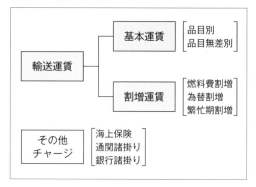

✦ 価値の提供と対価

　事業活動の基本は図9のように表現できます。

　業務ルールを理解しドメインモデルを作りクラス設計に結び付けていくのは、この基本構造の理解が土台になります。

　オーバーブッキングはコンテナ船を使った貨物の輸送事業の業務ルールです。この貨物の輸送事業が顧客に提供している価値は何でしょうか。対価はどのように決められているのでしょうか。質問は単純ですが、答えの言語化はかなり大変です。

　参考情報は簡単に手に入ります。その会社の事業案内などは良い手がかりになるでしょう。たとえば、コンテナ船輸送事業を行う会社は、「貨物の輸送」という価値を顧客に提供するために図10のような活動をしています[注4]。

　提供する価値は「輸送」です。オーバーブッキングは輸送を約束するブッキング（予約）業務に関連する業務ルールです。

　「貨物の輸送」の対価は図11のような構成になっています[注5]。運賃計算も複雑な業務ルールが潜んでいそうです。

　馴染みがない言葉が並んでいるかもしれません。しかし対象とする業務領域で普通に使われているこのような言葉や表現を理解したうえで、業務知識を持つ人たちと会話しながらクラス設計やパッケージ設計を進めていくのがドメイン駆動設計の基本的な活動です。

　エヴァンス氏の『ドメイン駆動設計』には国際海上貨物輸送の例があちこちに登場します。ここで挙げているような業務の用語とその意味を理解できると『ドメイン駆動設計』をより興味深く読めるでしょう。

　図10や図11もドメインモデルの一種です。業務知識の整理であり、業務をわかっている人たちと会話する語彙であり、クラス設計やパッケージ設計の骨格です。

✦ 約束とリスク

　業務ルールが複雑になる大きな理由の1つは、価値の提供と対価の支払いが、現物かつ即時交換ではなく、「将来」の価値の提供と対価の支

注4）　コンテナ船事業大手ONEジャパン㈱の人材募集ページ
　　　URL https://one-japan-recruit.co.jp/work/

注5）　海上輸送費の料金体系
　　　URL https://www.digima-japan.com/knowhow/world/19541.php

払いを約束し「後からそれを実行する」という時間軸に沿った不確定要素が多い活動であることにあります。

将来について「約束」することは必ずリスクがあります（**図12**）。今回の例では、何らかの事情で約束どおりに貨物の輸送ができないかもしれません。想定以上に費用がかかってしまうかもしれません。予約はキャンセルされるかもしれません。約束どおりに対価を支払ってもらえないかもしれません。

こういうリスクをできるだけ避けたり軽減したりするための決めごととして業務ルールがあります。海上輸送は不確定要因が多い事業です。さまざまなリスクを想定した業務ルールが複雑に入り組んでいます。書籍『ドメイン駆動設計』に登場するオーバーブッキングや経路選択の業務ルールの背景には、そういうリスク対策があります。

業務ルールの背景にあるリスクの存在とその事業でのリスクへの対応方針を理解できると、業務をより深く理解した深いモデルに基づいたソフトウェア設計ができるようになります。

☀ 売上と費用

事業活動は売上を獲得し、費用を支出し、売上と費用の差額を利益として確保する活動です（**図13**）。利益を生み出すことが事業を存続させる必須条件です。

利益を生み出すには、売上を大きくし費用を小さくしなければいけません。

売上を大きくするためには価値提供（の約束）をできるだけ増やせばよいわけです。しかし価値を提供するには必ず費用がかかります。貨物の輸送を約束するときには、できるだけ安い輸送手段を使うのが望ましいのですが、低コストの輸送手段を使った場合に輸送日程などの顧客の希望に合わないかもしれません。

危険物など特殊な貨物を扱うほうが運賃を高く設定できます。しかし、危険物を輸送するコンテナや倉庫・機材・人員などの費用は割高に

▼図12　約束とリスク

▼図13　売上・費用・利益

なります。

売上を大きくし費用を小さくするための決めごとも重要な業務ルールです。オーバーブッキングや経路選択の業務ルールは、この利益確保をより確実にするための決めごとです。

さまざまなリスク対応方針も結局は売上と費用に関係します。貨物を約束どおりに輸送できなければ、事後対応の費用が増えるでしょうし、顧客の信用を失い将来の売上の減少につながるでしょう。対価の支払いが遅れたり、払ってもらえなかったりすれば、輸送にかかった費用を回収できません。

モデル駆動設計の構成要素

ここまではドメインモデルを作るための事業活動についての基礎知識を整理してきました。では貨物輸送に関わる複雑な業務ルールを表現するドメインモデルを実際に考えてみましょう。

例として貨物輸送のブッキング業務で使われるオーバーブッキングのルールを検討します。

ブッキング業務

先ほどの価値の提供（貨物の輸送、**図10**）に出てきたブッキング業務の概要は次のとおりです。

　お客様から貨物の輸送の依頼を受けたら、希望の航路と日程の船に空きがあるか確認して、空きがあれば予約を受け付ける

このような業務内容の簡単な説明を手がかりに、初期のドメインモデルを作っていきます。この説明の中だけでも「貨物」「輸送」「航路」「日程」「船」「空き」「予約」などの言葉（手がかり）が見つかります。

 ### 基本的な関心事：エンティティ

このときに、どの言葉が重要な知識かを判断する方法の1つが「エンティティ」です。

エンティティは「個別に認識できる実体」を指す言葉です。この説明では抽象的でわかりにくいですね。実践的には「管理番号」を持つ何かである、と考えることができます。業務上、番号を付けて管理が必要な個体がエンティティです。

番号を付けて管理するのは業務上の関心事だからです。エンティティは、ドメインモデルに入れるべき業務知識・言葉・クラスの有力な候補です。

先ほどの説明に出てきた言葉だと、番号を付けて個体を管理しているのは次の3つです。

・「貨物」番号
・「船」番号
・「予約」番号

それ以外の言葉はどうでしょうか。

「輸送」は行為であり番号を付けて管理する個体ではなさそうです。

「航路」は出発地と目的地という2つの情報で表現することになるでしょうが、これは経路の種類です。同じ航路でさまざまな船が運行しているでしょうし、同じ船が何度も同じ航路を運行することでしょう。航路も個体ではなさそうです。

貨物を輸送する手段は、ある航路で特定の船の1回の運行です。船の1回の運行は「航海」と呼ぶようです。先ほどの説明には出てこない言葉ですが、業務をよく知っている人が、それぞれの貨物の適切な「航海」を見つける、というようなことを耳にして発見できるでしょう。

▼図14　エンティティの関係

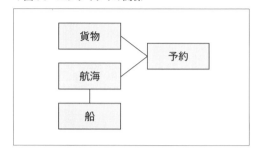

実際の業務でも「航海」は番号を付けて管理しています。「航海」はエンティティです。

「空き」は航海ごとの「積載量」として標準コンテナのサイズで表現するという説明を受けました。「空き」番号とか「積載量」番号という管理の仕方はしないので「空き」はエンティティではありません。

ここまでで、番号を付けて管理する個体（エンティティ）として「貨物」「船」「航海」「予約」を特定できました。4つの言葉の関係は図14のようになります。

この4つの言葉とその関係が業務の関心事であり、業務を知る人たちとの会話の基本語彙であり、クラスやパッケージの候補になります。

 ### 業務ルールを見つける方法

図14のようなエンティティとその関係はモデル（業務知識）の重要な構成要素です。しかし、この図ではオーバーブッキングのような業務ルールは見つかりません。

業務ルールを見つける方法として、エンティティを表2のように3つの種類に分類する方法があります。

イベントとリソースに分ける考え方は業務データに注目するモデリングと同じとらえ方です。なお業務イベント（ドメインイベント）という考え方は『ドメイン駆動設計』の出版後に追加された考え方です。

さらにリソースを短命と長命に分けます。「貨物」と「航海」は短命なリソースです。「貨物の輸送」という価値提供の「1回のプロセス」に関

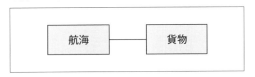

▼表2　エンティティの分類

データの種類	説明
イベント	「予約」など起きた事実
短命なリソース	「貨物」「航海」など
長命なリソース	「船」など繰り返し使うリソース

▼図15　オーバーブッキングに集中する

係するリソースです。一方で「船」は長命のリソースです。価値を提供するプロセスに何回も繰り返し利用されます注6。

この3つの分類で業務ルールの発見の中心になるのは「イベント」です。この例では「予約」イベントです。

業務イベントには2種類の業務ルールが関連します。

1つは、その業務イベントが発生してよい条件です。予約を受けてもよい「許可条件」、あるいは予約を成立させてはいけない「禁止条件」です。もう1つは、業務イベントが発生したあとの「行動ルール」です。ほとんどの場合、業務イベントが発生したらそれを「記録」するアクションと、業務イベントの発生を知ることに関心がある部門や顧客への「通知」をするアクションが必要です。

「予約」イベントを特定できれば、その「許可条件」あるいは「禁止条件」としてオーバーブッキングのルールを発見できるでしょう。

 ### モデルの要点を絞り込む

予約イベント発生の許可条件・禁止条件に焦点を合わせると、先ほどのエンティティの関連図は、図15のように単純なものになります。以降詳細を説明します。

「予約」は、許可条件・禁止条件を判定した結果として生まれるイベントです。ですから、許可条件・禁止条件に何があるかをとらえるためには不要です。これはいったんモデルから除外します。

注6) 短命なリソースと長命なリソースの分類は『ドメイン駆動設計』の「責務のレイヤー」に出てくるオペレーションと能力の分類と同じ考え方です。

「船」は「航海」を成立させるために必要なリソースです。しかし予約に直接は関係しません。図として線でつながっていません。こちらもいったんモデルから除外します。

これが「航海に空きがあるか確認して、空きがあれば予約を受け付ける」という業務の決めごとを考えるための最小モデルです。

業務ルールを発見するには、このように特定のエンティティと関係に絞り込むことが効果的です。

アプリケーション全体のエンティティを幅広く検討することよりも、業務ルールを発見し定義することに密接に関係するエンティティとその関係だけを選び抜く活動が重要です。

 ### 業務ルールを表現する基本部品：値オブジェクト

エンティティとその関連を特定するだけでは、具体的な業務ルールはわかりません。「空き」を表現する手段が必要です。そして「空き」があるかないかの判断をするロジックが必要です。

それが航海の「積載量」と貨物の「サイズ」です。その2つの値を使えば、空きがあるかどうかを判断できます。

「積載量」や「サイズ」のような空きに関する業務知識と語彙は、クラスの有力な候補です。業務ルールに基づく計算判断に使う、このような属性を発見しクラスとして表現するパターンが「値オブジェクト」です。

積載量やサイズをint型の変数として表現するだけでも計算判断ロジックは記述できそうです。これらを値オブジェクトとして、クラスとして定義することに疑問を感じるかもしれません。しかし、実際の貨物輸送の業務では「積載量」や「サイズ」はかなり複雑な業務知識が背景に

存在します。

コンテナのサイズは、TEU（Twenty-feet Equivalent Unit）という単位で表現します。20フィートサイズのコンテナを1TEUとして、それ以外のサイズのコンテナを表現します。40フィートサイズの大型のコンテナは2TEUです。2.25TEUというようなサイズのコンテナも存在します。ある航海の積載量が10,000TEUだった場合に、さまざまなサイズのコンテナをいくつ積めるかをTEU換算で計算して判断します。こういう業務知識をわかりやすく整理したり表現したりするために値オブジェクトを作って、関連する業務データと換算ロジックや判断ロジックを1つのクラスにカプセル化します。

業務データと計算判断ロジックを1ヵ所にまとめて整理するカプセル化は単純ですがとても強力な設計手法です。そして複雑な業務ルールを表現する基礎部品となるのが値オブジェクトです。

業務知識として次の内容が出てきたら、なんらかの計算判断ロジック、つまり業務ルールが関係している可能性が高いでしょう。

・金額
・数量
・比率
・日付、日数、期間

このような値は業務活動の状態を表します。そして、ある数量を「積載量」と呼び、ある日付を「航海日」と名前を付けているということは、それが業務の関心事だからです。業務ルールに基づく計算判断ロジックの対象となるのは、こういう業務的に名前の付いた値です。また業務ルールを使った計算判断の結果も何らかの値であり、業務上の名前が付いているはずです。

業務データとして記録し参照する値の種類を特定し、その値の名前に注目することで、さまざまな業務ルールを発見できます。業務ルールに焦点を合わせたドメインモデルの主役は値オブジェクトなのです。

書籍『ドメイン駆動設計』で使われている、業務ルールを表現するクラスの例を見ても、主役はエンティティではなく値オブジェクトです。オーバーブッキングを計算する積載量と貨物のサイズ、協調融資の手数料や金利の分配比率、経路選択のための航海日数や航海費用の集計、などです。こういう業務ルールはエンティティの名前とその管理番号の議論からは見つかりません。積載量、手数料、航海日数など値に焦点を合わせることで、その値を使う計算判断ロジック、つまり業務ルールが見つかるのです。

多重度をクラスで表現する：コレクションオブジェクト

図16は「航海」と「貨物」の業務活動の関係を表したものです。

ここで線（関連）と星印（多重度）で表現しているのは「1つの航海は複数の貨物を輸送する」という業務活動の構造です。この構造をクラスで表現するパターンがコレクションオブジェクトです。

コレクションオブジェクトは、配列（array）、集合（set）、写像（map）などをインスタンス変数として持ち、そのインスタンス変数を使う操作ロジック（表3）を同じクラスに集めるという設計パターンです。

▼図16 空きを判断するモデル

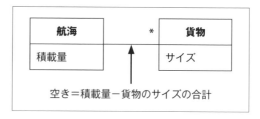

▼表3 コレクションオブジェクトのロジック

操作の種類	説明
filter	集合から条件に合った要素だけ取り出す
map	ある型の集合を別の型の集合に変換する
reduce	合計、平均、最大、最小など1つの値にまとめる

▼リスト1 貨物のコレクションオブジェクト

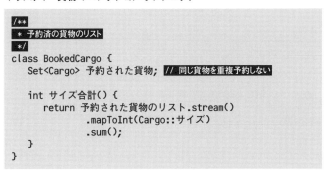

```
/**
 * 予約済の貨物のリスト
 */
class BookedCargo {
    Set<Cargo> 予約された貨物;   // 同じ貨物を重複予約しない

    int サイズ合計() {
        return 予約された貨物のリスト.stream()
                .mapToInt(Cargo::サイズ)
                .sum();
    }
}
```

今回の例の場合、**リスト1**のような設計になります。

これで複数貨物を扱うことと、貨物のサイズを合計することをクラスとしても表現できるようになりました。

関連の多重度は、そこになんらかの業務ルール（計算判断ロジック）があることを示唆しています。計算判断ロジックを発見し整理する手段としてコレクションオブジェクトが役に立ちます。

 複数のオブジェクトの組み合わせ：集約

空きを判断する計算式はまだクラスとして表現できていません。それを表現するためのパターンが「集約」です。

複雑な業務ルールを1つのクラスで表現しようとすると、クラスが肥大化します。それを避けてわかりやすく整理するために、基礎となる計算判断ロジックは値オブジェクトやコレクションオブジェクトとして部品化します。そして、いくつかのロジック部品を組み合わせて全体を計算する役割に特化したクラスを作ります。それが「集約」クラスです。

たとえば図17のようなクラスを用意します。

コンテキスト（context）は文脈という意味です。予約（booking）を判断するためのさまざまな条件の集まりです。

1行で判断できる空きの有無をクラスとして定義し「コンテキスト」というおおげさな名前を使っていることに違和感を感じるかもしれま

せん。この例のような単純な業務ルールをここまで手の込んだクラス設計にすることはやりすぎでしょう。しかし、現実の貨物輸送における予約判断ルールはかなり複雑です。

秋季のアジアから北米の航路は、キャンセル率がかなり高くなります。米国のクリスマス需要を狙って大量の貨物をアジアから北米に輸送する繁忙期のため輸送能力の取り合いが発生します。そのため、とりあえず輸送手段を確保する予約が多くなり、結果としてキャンセルも多くなります。ひどいときにはキャンセル率が1割を超えます。

キャンセルによって空きができれば本来手に入る売上を失います。予約をとりすぎて積み残し（ロールオーバー）が発生すれば、代替輸送の追加費用が発生します。顧客の信頼を失い将来の売上を失うかもしれません。売上を最大にし、費用を最小にするためには、航路別・季節別さらに貨物の種類別などさまざまな要因を組み合わせて、適切なオーバーブッキングポリシーを設定することが、輸送事業の利益確保に直結します。

またキャンセルの発生率は、経済状況や同業他社との競争などによって変動します。さまざまな過去データを駆使してそういうキャンセル発生の変動を予測し設定を変えることが輸送事業の利益を左右します。

▼図17 空きがあるかどうかを判断するクラス

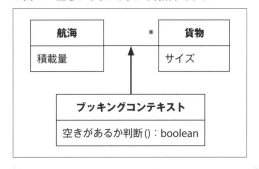

こういう複雑かつ変化が続く業務ルールをうまく整理して、ルールの変化に楽で安全に対応できるようにする設計の工夫が値オブジェクトやコレクションオブジェクトという部品化と、それを束ねる役割である「集約」なのです。

 ### 条件分岐の複雑さの表現：区分オブジェクト

さまざまな場合分けとその組み合わせは業務ルールを複雑にします。たとえばオーバーブッキングの判定ルールには、次のような場合分けの組み合わせになります。

- ・航路のカテゴリー
- ・季節
- ・貨物の種類

こういう場合分けを整理するには、まず区分名を列挙してみることが重要です。Javaのenumを使うと、こういう業務知識はそのままコードで表現できます（リスト2）。

区分がからんだ複雑な業務ルールを整理して理解するためには、このように区分に関する用語と関連するロジックをクラスとして表現してみることが効果的な手段になります。

▼リスト2　enumによる業務知識の表現例

```
enum VoyageCategory { // 航路のカテゴリー
    アジアから北米(10),
    アジア域内(5),
    アジアからヨーロッパ(10);

    int 割増率;

    VoyageCategory(int 割増率) {
        this.割増率 = 割増率;
    }
}

enum Season { // 季節
    春夏,
    秋,
    冬
}

enum CargoType { // 貨物種類
    普通,
    危険物,
    温度管理
}
```

 ### 全体を整理する：モジュール

エンティティ・値オブジェクト・コレクションオブジェクト・区分オブジェクト、そしてそれらを集めた集約。複雑な業務ルールを表現するには、かなりのクラスを発見し定義することになります。そのときに全体をわかりやすく整理するパターンが「モジュール」です。プログラミング言語でいうとパッケージや名前空間と呼ぶしくみです。

パッケージ（名前空間）を分けることはコードの整理であり、同時に業務知識の整理です。クラスが増えてきたら積極的にパッケージを分けて知識とコードを整理します。もちろんドメインモデルのパッケージ名は業務の知識を表現するユビキタス言語の一部です。

 ## ドメインモデルを成長させる

この節で取り上げたオーバーブッキングの実際の業務ルールを理解し実装することは、大変な作業になります。値オブジェクトや区分オブジェクトを定義し、それを集約にまとめれば完成する、という単純なものではありません。初期の単純なドメインモデルから出発して、時間をかけて業務知識を増やしリファクタリングを繰り返しながらドメインモデルを成長させていくことが必要です。

ドメインモデルを成長させるために次の3つの取り組みを粘り強く続ける必要があります。

- ・業務知識を広げ、理解を深める
- ・同じ言葉で開発を進めるための語彙を充実させる
- ・プログラミング言語を使った複雑な業務ロジックの表現を改善する

事業が存続する限りドメインモデルの改善と成長は続きます。それがドメイン駆動設計が目指すソフトウェア開発です。**SD**

1-3 分散アーキテクチャとドメイン駆動設計
モデルと実装を適切につなぐための3つの設計パターン

Author 増田 亨（ますだ とおる）
有限会社システム設計

マイクロサービスなど分散指向のアーキテクチャが一般的になってきました。そして、分散アーキテクチャの設計にドメイン駆動設計の考え方とやり方を取り入れることが多くなっています。この節では、書籍『ドメイン駆動設計』の第4部「戦略的な設計」の内容を中心に分散アーキテクチャとドメイン駆動設計がどう関係するかを紹介します。

 ## 戦略的な設計

　本書の1-2節で、国際海上輸送の貨物のオーバーブッキングを例にドメインモデルの考え方と作り方を説明しました。オーバーブッキングルールは、貨物輸送事業にとって重要な事業課題の1つです。しかし事業全体から見れば複雑な事業活動の中の一部でしかありません。事業活動を理解するためのドメインモデルといっても、1つのドメインモデルが対象とするのは事業全体ではなく、事業活動の一部です。

　では事業活動全体に対象を広げるとしたら、ドメイン駆動設計ではどういう考え方とやり方でモデルを作り設計を進めるのでしょうか。それが書籍『ドメイン駆動設計』の第4部「戦略的な設計」に書かれている内容です。

 ### 単一モデルと分散モデル

　ドメイン駆動設計の「戦略的な設計」は事業活動の全体を単一のドメインモデルとしてはとらえません。事業活動を構成する業務領域ごとのドメインモデルがつながってネットワークを構成する分散モデルとして全体をとらえます。

　従来のソフトウェア設計では事業活動全体を単一モデルとして考えることが一般的でした。ツリー構造やピラミッド構造で全体を一枚岩（モノリス）の構造としてとらえ、そこからブレークダウンしながら全体を構成する要素を定義し

ていくという考え方です。しかしこのアプローチは全体の構造が固定され、柔軟性や発展性が失われます。

　それに対し分散モデルでは、全体は、自律して活動する複数の構成要素が動的につながってネットワークを構成しているもの、というとらえ方をします。このとらえ方では、固定的な構造はありません。構成要素（コンポーネント）は独自に進化できるし、コンポーネント間のつながり方も時間とともに変わっていく、というとらえ方です。この変動性がシステム全体の柔軟性と発展性を生み出します。

　全体を俯瞰するときに、巨大な単一モデルとしてとらえるのではなく、独立性の高い構成要素の動的なネットワークとしてとらえるのがドメイン駆動設計の「戦略的な設計」の根底にある考え方です。そしてこの分散モデルの考え方がマイクロサービスなど分散アーキテクチャの設計原則として注目されているのです。

 ### ドメイン駆動設計と分散アーキテクチャ

　ドメイン駆動設計の目標は、事業とともに変化し発展していくソフトウェアを作り出すことです。そして規模が大きくなったときに、全体として進化を続けるための設計方針について書いてあるのが書籍『ドメイン駆動設計』の第4部「戦略的な設計」です。

　マイクロサービスなどの分散アーキテクチャとドメイン駆動設計の関係は**図1**のようになり

ます。

ドメイン駆動設計は分散アーキテクチャのモデルを提供します。どういう単位に分割するか、どうつなぐかを検討し判断するためのモデルです。

分散アーキテクチャはその分散モデルをどう実現するかの手段を提供します。とくに分散したコンポーネント間をどうつなぐかの通信方法が重要な関心事です。

ドメイン駆動設計が提供する分散アーキテクチャのモデルの中心になるのが次の3つのパターンです。

・境界づけられたコンテキスト
・コンテキストマップ
・コアドメイン

✴ 境界づけられたコンテキスト

1つのドメインモデルが対象とする範囲を限定するアプローチです。

✴ コンテキストマップ

それぞれの境界づけられたコンテキストの中でだけ意味を持つ複数のドメインモデルをどうつなげるか、を検討するためのパターンです。境界づけられたコンテキストを構成要素とした全体のネットワークが「コンテキストマップ」になります。

✴ コアドメイン

コンテキストマップの構成要素（個々のドメインモデル）が増えてくると、全体のつながりが複雑になり、全体の秩序に影響する中心や骨格があいまいになります。複雑な全体の中で中核になる要素に焦点を合わせることで、全体に秩序を生み出す、という考え方が「コアドメイン」です。コアドメインを意識することで、事業活動を深く理解した全体像（コンテキストマップ）

▼図1　ドメイン駆動設計と分散アーキテクチャ

を生み出せるようになります。

分散アーキテクチャとは？

「境界づけられたコンテキスト」「コンテキストマップ」「コアドメイン」の具体的な説明に入る前に、まず分散アーキテクチャの基礎的な知識を整理しておきましょう。ドメイン駆動設計はモデルと実装を強く結び付ける設計手法です。境界づけられたコンテキストやコンテキストマップを使ったモデルの作り方を理解するときに、どう実装するかと関連付けて理解したほうがイメージをつかみやすくなります。

単一モデルと分散モデルの関係でソフトウェアアーキテクチャを考えると次のように分類できます。

・単一モデル指向（モノリスアーキテクチャ）
・中間的なモデル（モジュラーモノリス）
・分散モデル指向（マイクロサービスアーキテクチャ）

書籍『ドメイン駆動設計』に出てくる国際海上輸送の事業の全体像を参考にそれぞれのアーキテクチャの特徴を考えてみます（図2）。

モノリスアーキテクチャ

業務活動全体を単一モデルとしてとらえ、単一モデルをそのまま実現する方式がモノリス（一枚岩）アーキテクチャです（図3）。すべての機能が単一のアプリケーションとして稼働し、すべてのデータを単一のデータベースで管理しま

す。

モノリスアーキテクチャは、局所的で部分的な変更を、常に全体への変更として扱う必要があります。たとえば、経路選択ロジックだけを変更した場合でもアプリケーション全体を再テストし再配置することになります。1つの構造の中に固定的に組み込まれた部品の変更は、全体にどのような影響があるかを特定することが難しいためです。

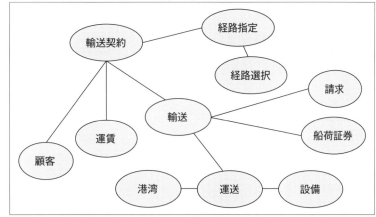

▼図2　事業の全体像（国際海上輸送）

モジュラーモノリス

アプリケーションの変更が全体に影響しないようにする工夫として、アプリケーションを機能ごとに分割し、変更が必要な機能だけを開発・テスト・再配置できるようにする方法があります。モジュラーモノリスと呼ばれるアーキテクチャです（**図4**）。

モジュラーモノリスではサービス[注1]（機能）を独立して開発し、再配置できるため、モノリ

スアーキテクチャに比べて変更がしやすくなります。たとえば経路選択ロジックの調整は、経路選択サービスだけに閉じた変更として対応できます。

しかし、モジュラーモノリスでは単一のデータベースを使ってサービス間を連携するため、データベースに関わる変更はモノリスアーキテクチャと同様の問題が起きます。構造として変更の影響が全体に及ぶため、全体を再テストすることになります。

マイクロサービスアーキテクチャ

機能の分割だけではなく、データベースも分割するのがマイクロサービスアーキテクチャです（**図5**）。

注1） 分割したアプリケーション機能を「サービス」と呼ぶことがあります。SOA（サービス指向アーキテクチャ）の考え方で使われた用語です。

▼図3　モノリスアーキテクチャ

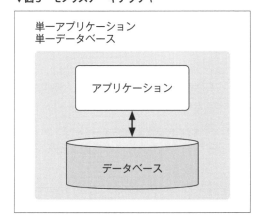

単一アプリケーション
単一データベース

アプリケーション

データベース

▼図4　モジュラーモノリス

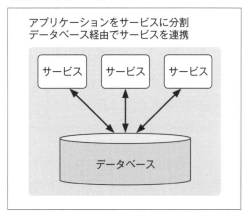

アプリケーションをサービスに分割
データベース経由でサービスを連携

サービス　サービス　サービス

データベース

▼図5　マイクロサービスアーキテクチャ

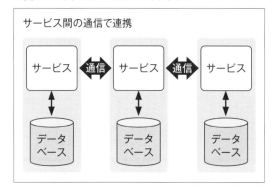

変更が影響する範囲を物理的に限定できるため、モノリスアーキテクチャやモジュラーモノリスよりも、発展性に富んだアーキテクチャです。

しかし、マイクロサービスアーキテクチャには2つの大きな課題があります。

・サービス間のつなぎ方
・サービス間で共有すべきデータの扱い方

☀ サービス間をどうつなぐか

モジュラーモノリスでは、サービス間の連携は共通データベースを使って実現します。あるサービスがデータベースに書き込んだ結果を別のサービスが参照するという方式です。

マイクロサービスアーキテクチャでは、この連携部分が通信になります。連携手段をデータベース共有から通信に変えることで、個々のサービス間の独立性を高めることができます。それぞれのサービスで機能やデータベースに変更を加えても、ほかのサービスはその影響を受けません。通信の仕様の変更がない限り、それぞれのサービスの変更は独立して行えます。

もちろん通信を使ってサービス間をつなぐことには課題もあります。通信はデータベースに比べ遅く不安定です。通信が正しく完了しなかったことを検知してリトライするなど、データベースを使った連携ではほとんど意識する必要がなかった課題への対応が必要です。

☀ サービス間でデータをどう共有するか

データベースも分割して独立させるマイクロサービスアーキテクチャでは、複数のサービスが同じデータを参照するしくみは簡単には実現できません。

実現方法にはいくつかの選択肢があります。

・必要な情報を情報の所有元に都度、問い合わせる
・情報を共有するためのサービスを作る（たとえば商品カタログサービス）
・情報を複製する（利用側にキャッシュする）

それぞれ一長一短があります。分散することで自律性と発展性を実現するという分散アーキテクチャの目的からすれば、最後の複製する方法が有力な選択肢です。

◆　◆　◆

サービス間のつなぎ方やデータ共有は、いろいろな実現方法があります。どの方法を選んでもなんらかのトレードオフが発生します。このような分散方式の課題とその解決策は、ここ数年でさまざまな方法が試みられ、その結果から得た知見が書籍として公開されたり、ツールやクラウドサービスの機能として提供されたりするようになってきました。

たとえば、分散アーキテクチャの実現方法の選択肢とそのトレードオフをわかりやすくまとめた書籍『ソフトウェアアーキテクチャ・ハードパーツ』[注2]は、分散アーキテクチャに取り組むときには大いに参考になるでしょう。

 **事業活動を支える
分散アーキテクチャ**

事業活動のほとんどがなんらかのデジタル情報をもとに行われるようになってきた現在では、さまざまな領域ごとに適切なソフトウェアを開発したり導入したりして活用していくことは、事業の存続性や収益性に大きな影響を及ぼすよ

注2）Neal Ford、Mark Richards、Pramod Sadalage、Zhamak Dehghani 著、島田 浩二 訳、オライリー・ジャパン、2022年

うになってきました。

どういう業務領域をどのようにシステム化し、それらをどのようにつなぐか。そして、全体としてのシステムのネットワーク構成を、事業とともに成長し発展させていくにはどのようなモデルでどのような設計をしていくのが良いか。書籍『ドメイン駆動設計』の第4部「戦略的な設計」は、まさにそういう設計課題について取り組むための考え方とやり方なのです。

ドメイン駆動設計を取り入れる

書籍『ドメイン駆動設計』が書かれた20年前には分散アーキテクチャはそれほど一般的な選択肢ではありませんでした。『ドメイン駆動設計』には分散アーキテクチャを前提にした内容は書かれていません。それなのに最近の分散アーキテクチャの議論でドメイン駆動設計の考え方を参考にすることが多いのはなぜでしょうか。

それは『ドメイン駆動設計』の「境界づけられたコンテキスト」の考え方が、分散アーキテクチャの考え方と親和性が高いからです。

 ### 境界づけられたコンテキスト

「境界づけられたコンテキスト」を理解するために、まずドメインモデルを理解することが必要です。

ドメインモデルは、複雑な業務ルールをソフトウェアで表現するための道具です。次の3つの用途に使います（本書の1-1節と1-2節を参照）。

・業務知識の要点の整理
・開発活動で意図を伝達する基本語彙
・クラス設計の骨格

事業全体を1つのドメインモデルとして表現することは、この3つの用途から考えてうまくいきません。事業活動の全体となると、業務知識の要点といっても膨大な量になります。基本語彙もかなりの数になるでしょう。それらをす

べて1つのモデルとして整理して、クラスとして表現することは、たいへんな労力が必要になります。そしてそうやって巨大なモデルを作っても、その巨大なモデル全体から恩恵を受ける人はほとんどいないでしょう。

コンテキスト（文脈）は、言葉の意味は文章の前後関係によって決まる、ということを表す言葉です。つまり、ドメインモデルを作るときに言葉の意味が同じになる範囲を、別の意味になる範囲から切り分ける、というのが「境界づけられたコンテキスト」の発想です。ドメインモデルを作る対象範囲を限定することで、意図が明確で矛盾のないドメインモデルを作り出すための考え方が「境界づけられたコンテキスト」なのです。

事業活動はさまざまな要素が絡み合っています。また、同じような言葉を使っていても、ある業務で使う意味と、別の業務で使う意味では異なっているほうが普通です。たとえば「見込み客」は、販売促進部門にとっては自社のプロダクトを認知してもらい、営業活動につなげるための連絡先を取得する対象です。それに対し営業部門では、初回のコンタクトから始まるさまざまな接触の履歴を記録したり、商談の重要度や受注の確度を管理したりする、商談活動の対象です。

そこで、「境界づけられたコンテキスト」によって、業務の目的や関心事が異なる領域は切り分けて、それぞれの領域ごとに明確で一貫性のあるドメインモデルを作るようにします。

 ### コンテキストの区切り方

ドメインモデルで言葉の意味が1つになる範囲は、図6のような4つの要素に大きく影響されます。

チームが異なれば、同じ言葉を同じ意味で使うことは困難になります。チーム構成はドメインモデルの文脈（コンテキスト）を決める大きな要因の1つです。要求の出どころ（顧客やプロダクトのオーナー）が異なれば、1つのモデ

▼図6　コンテキストの境界が決まるおもな要因

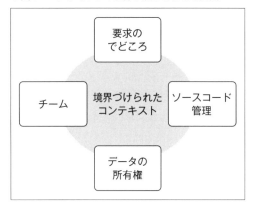

ルで一貫した意味を維持することは難しくなるでしょう。

ソースコードを管理する単位も文脈の境界を明確にするための重要な要素です。1つのドメインモデルを複数のソースコードの管理単位に分けてしまえばドメインモデルの一貫性は失われます。1つのソースコードの管理単位に複数のドメインモデルが混在すれば、それぞれのドメインモデルの独立性が失われます。

データの所有権あるいはデータベースのテーブル設計の変更管理ができる範囲もドメインモデルが通用する範囲に大きく影響します。アプリケーションを開発するチームとは別のチームがテーブルを設計し変更するやり方だと、アプリケーションの元になるドメインモデルと、テーブル設計の元になるドメインモデルは別のモノになり、一貫性を生み出すことはまず無理でしょう。

 ### 境界づけられたコンテキストとサービスの大きさ

ドメイン駆動設計の「境界づけられたコンテキスト」は、分散アーキテクチャの構成要素（サービス）と基本的には一致しそうです。しかし、境界づけられたコンテキストとサービスは、必ず一致するとは限りません。2つの例を考えてみましょう。

まず、1つの境界づけられたコンテキストを複数のサービスに分ける例です。1つのドメイ

ンモデルを元にしたアプリケーションで、特定の機能だけが高度なスケーラビリティや可用性を必要とする場合は、非機能要件が特殊な部分だけを別のサービスに分けてスケーラビリティや可用性を確保するやり方が合理的でしょう。

もう1つの例は、いったんは広い範囲を1つの境界づけられたコンテキストとしてドメインモデルを作ってみる場合です。いくつかのコンテキスト（とサービス）に分かれそうだけれど、境界がまだはっきりしないことがあります。そういうときは、いったんは1つのドメインモデルで開発を進めてみて、境界が明確になった部分から別サービスとして切り出していくのがよいでしょう。マイクロサービスに分割してしまったあとで、サービスを統合しなおしたり、サービスの役割の境界を引き直して機能やデータを移動したりすることはかなりの負担になります。

 ## サービス間のつなぎ方とドメイン駆動設計

異なるドメインモデルを元にした複数のサービスをつなぐためには、何が課題になるでしょうか。その課題にはどんな対応手段があるでしょうか。それを検討し、つなぎ方の改善を続けるための手法が「コンテキストマップ」です。

 ### コンテキストマップ

コンテキスマップのアイデア自体は単純です。それぞれのドメインモデルの背景にある「境界づけられたコンテキスト」を列挙して、つなぐ必要があるコンテキストの間を線でつなげば、絵としてのコンテキストマップは完成します。

もちろん、実際のサービス連携はそんなに単純な問題ではありません。では、問題を複雑にする理由はなんでしょうか。エヴァンス氏は、その大きな原因をチーム間のコミュニケーションにあると考えました。技術的な解決策があっても、サービス間を実際につなぐとなるとさまざまな調整が必要になります。利害関係が対立していれば、その調整は双方のチームにとって

かなりの負担になります。

エヴァンス氏はチーム間の関係を、

・対等の関係
・かたよりのある関係
・断絶した関係

の3つに分類し、それを前提にしたコンテキスト間のつなぎ方の選択肢をいくつかのタイプに分類しました（**表1**）。

☀ 対等の関係

それぞれのサービスを担当するチームが対等の関係でサービス間を連携します。つなぎ方のパターンとしては「パートナーシップ（協調関係）」と「共有カーネル」の2つがあります。

「パートナーシップ」は、お互い対等の関係で円滑にコミュニケーションできるときのパターンです。意見の相違は合理的に調整できます。

「共有カーネル」は、共通ロジックのモジュールを複数のチームが共同で所有する方法です。共通モジュールへの変更は共同所有するすべてのチームのビルドに波及するため、チーム間のコミュニケーションが円滑ではない状況を前提に、強制的にモデルの一部を共有するための選択肢です。

☀ かたよりのある関係

チームの関係は多くの場合、なんらかのかたよりがあります。つなぎ方を主導するのはどちらのチームか、つなぐための変換を実装するのはどちらのチームかの組み合わせによって、4

つのパターンに分かれます。

「顧客と供給者」は、サービスを利用する側（顧客）の要望に応じたつなぎ方を、サービスを提供する側（供給者）が用意する関係です。調整の原則が単純で、調整しやすいパターンです。

「順応者」は、サービスを提供する側のモデルを、サービスを利用する側がそのまま使う関係です。お互いのドメインモデルに若干の違いがあっても、それをそのまま受け入れることが可能であれば双方の負担が少ないパターンです。

「腐敗防止層」は、ドメインモデルの違いを、サービスを利用する側の負担で変換するパターンです。サービスを提供する側が簡単には変更できない既存システムとの連携などではよく使われています。

「公開ホストサービス」は、ドメインモデルの変換の責任を、サービスを提供する側が負担します。利用する側のサービスが複数であったり、サービスを提供する側がなんらかの利益（たとえば課金）を期待できたりする場合に選択できるパターンです。

☀ 断絶した関係

異なるサービスで業務ロジックが重複する場合、つまりドメインモデルの一部の重複は明らかだが、それぞれのチームが独自にドメインモデルを作って実装するパターンです。重複を意図的に許容します。

業務ロジックの重複（ドメインモデルの重複）は好ましいことではありませんが、重複部分を共同所有に変えたり、どちらかのサービスが提

▼**表1　チーム間の関係とコンテキストのつなぎ方**

チーム間の関係	コンテキスト間のつなぎ方	説明
対等の関係	パートナーシップ	お互いがwin-winの関係で協力する
	共有カーネル	共通ロジックを共同所有する
かたよりのある関係	顧客と供給者	サービスを提供する側が利用する側を満足させる
	順応者	サービスを提供する側に利用する側が合わせる
	腐敗防止層	利用する側が変換をする
	公開ホストサービス	提供する側が変換をする
断絶した関係	別々の道	とくに調整をしない

供役になりもう片方が利用役になったり、というような調整が簡単ではない状況は少なくありません。そういう関係を作って維持する費用対効果が悪い場合には、「別々の道」が現実的な選択肢となります。

 ## サービス間の調整のやり方

異なるコンテキストのドメインモデルで作られたサービスをつなぐ場合に、お互いに相手のドメインモデルのすべてを理解して調整をすることは現実的ではありません。必要な部分だけを抜き出して、的確に相手に伝え調整する手段としては次のものがあります。

・**API仕様の公開:**
通信部分のソースコードからAPIの通信仕様ドキュメントを自動で生成するツールを使う
・**テスト仕様の公開:**
テスト仕様を一種の契約とみなして、双方がそれを満たすことに責任を持つ
・**テスト環境の提供:**
テスト環境を提供する側の負担は大きくなるが、認識の違いを早期に発見するためには好ましい

 ## コンテキストマップは誰が作るのか

コンテキストマップは専任チームが作り維持するものではありません。それぞれのコンテキストのドメインモデルに責任を持つチームがなんらかの形で、コンテキストマップ作りと、その改善活動に参加することが必要です。コンテキストマップという大きなモデルでも実装と確実に結び付けることがドメイン駆動設計の基本原則です。

複数のチームをまたがる協力体制については、エンタープライズアジャイルや大規模アジャイルという視点からさまざまなやり方が提案されています。ドメイン駆動設計のコンテキスマップの考え方とやり方は、そういうチーム間の協

力の道具の1つとして役に立つでしょう。

 ## コアドメインに集中する

『ドメイン駆動設計』の「戦略的な設計」には、重要な要素として「コアドメインに集中する」という考え方があります。

「境界づけられたコンテキスト」の中で意図が明確で矛盾やあいまいさのない一貫したドメインモデルを作りながら、業務知識の要点を整理し、関係者の意図の伝達を正確にするための基本語彙を整備し、その内容を設計の骨格としてプログラミング言語を使って表現するのがドメイン駆動設計のやり方です。

しかし、事業領域の全体にドメイン駆動設計のやり方を適用するのは現実的ではありません。もっと費用対効果の高い方法を検討することも「戦略的な設計」の重要な課題です。それが「コアドメインに集中する」という設計方針です。

集中すべきコアドメインを特定するためには、次の2つの視点を組み合わせます。

・**業務ロジックの複雑さ:**
業務プロセスや業務ルールの複雑さ
・**業務の独自性:**
業務のやり方が自社独自であることが重要か、それとも他社と同じでもよいのか

この2軸を組み合わせて4つの領域に分けると、事業活動の存続優位性を生み出す（事業のコアとなる）のは、「業務が複雑」「自社独自の業務」の2つが合わさった領域です（**図7**）。

この領域では、事業の存続優位性を獲得し維持していくために、業務のやり方や業務ルールの変更が頻繁に起きます。事業が成長し、発展していくための中核の業務領域であり、それを支えるソフトウェアを生み出すことを目的とするドメイン駆動設計を活用すべき領域です。

 ## その他の領域の開発方針

では、コアドメイン以外の領域のソフトウェ

▼図7　存続優位の源泉となる業務領域

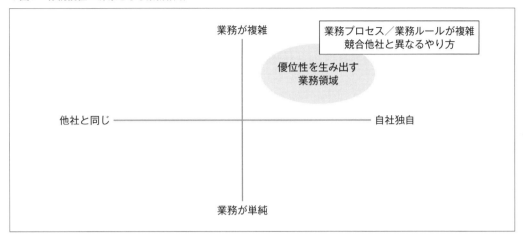

業務が複雑

業務プロセス／業務ルールが複雑
競合他社と異なるやり方

優位性を生み出す
業務領域

他社と同じ　　　　　　　　　　　　　　　　　自社独自

業務が単純

ア開発方針にはどんな選択肢があるでしょうか。大きな選択肢は**表2**のように3つあります。

☀ 既製品

　既成品を使う領域は、業務はそれなりに複雑ではあるが、業務プロセスや業務ルールは他社と同じでよい、と判断できる領域です。具体的には、財務会計・請求・契約管理などSaaSを利用することを検討します。

☀ イージーオーダー方式

　2番目の選択肢はイージーオーダー方式の開発です。具体的にはローコード／ノーコード開発ツールを利用します。イージーオーダー方式を使う領域は、自社独自ではあるが、業務プロセスや業務ルールは比較的単純な業務を対象にします。とくに、業務は単純だけれどSaaSなど既製品では対応できない領域に限定して使うのが最も費用対効果の高い使い方になるでしょ

う。もしソフトウェアに変更（作りなおし）が必要であれば、ツールのカスタマイズ機能を使って作り込むよりは、新たに作りなおしたほうが安くて早いです。

☀ フルオーダー方式

　もし変更が頻繁に必要になるようであれば、それはフルオーダー方式を適用すべき領域ととらえなおすべきでしょう。フルオーダーの開発は、モデル・設計・実装を任意に行える最も自由度の高いやり方です。高コストかつ高リスクですが、最も発展性に富んでいます。事業存続のコアとなる業務が複雑かつ自社の独自性が必要で、事業の成長と発展のためにソフトウェアの変更を続けることに重要な意味がある領域です。

◆　◆　◆

　ドメイン駆動設計は、コアの業務領域を対象に、事業とともに成長し発展していくソフトウェ

▼表2　ソフトウェアの開発方針：3つの選択肢

選択肢	モデル／設計／実装	特性	発展性
既製品	固定（設定変更は可能）	・短期導入 ・他社も利用可能	△
イージーオーダー ローコード／ノーコード	・モデルを作るためのモデル（メタモデル）と実行の枠組みを提供 ・部分的なプログラムが可能	・メタモデルに依存 ・カスタマイズ用のUIを提供	×
フルオーダー	モデルも設計も独自に行う	・高コスト ・高リスク	○

▼図8　3つの開発方式を適用する領域

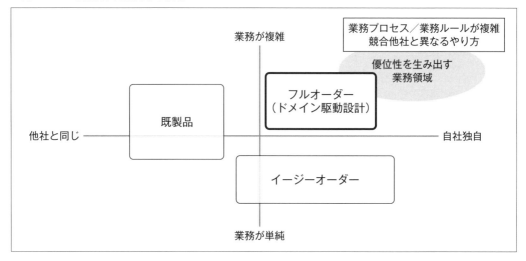

アを生み出すための設計手法です。フルオーダー方式で取り組む領域が、まさにドメイン駆動設計を活用すべき領域です（図8）。

 ## 開発方針は変化する

3つの開発方針の選択は固定的ではありません。むしろ、図9のようにさまざまな状況の変化に適応して、必要に応じて開発方針を発展させていくことが重要です。

 ## 1-3節のまとめ

ドメイン駆動設計は、分散アーキテクチャをどう分割し、どうつなぐかのモデルを提供します。そのための戦略的な設計パターンとして「境界づけられたコンテキスト」「コンテキストマップ」「コアドメイン」が役に立ちます。

また、分散アーキテクチャは新規開発だけではなく、その構成要素として、既存システムとの並行運用、SaaSの利用、ローコード／ノーコードツールを利用して開発するアプリケーションとの連携を含めた事業活動の全体を視野に入れて検討することが重要です。そういう検討を支援する道具が「コンテキストマップ」とコンテキスト間のつなぎ方のパターンであり「コアドメイン」という考え方です。 **SD**

▼図9 開発方針の変化のパターン

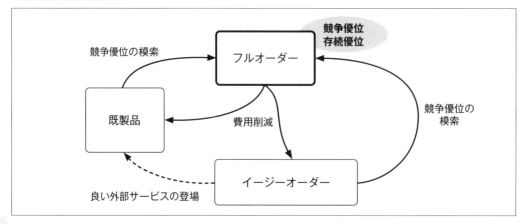

1-4 ドメイン駆動設計を開発プロセスに取り入れる
さまざまな現場から見えた4つの視点

Author 高崎 健太郎(たかさき けんたろう)
執筆協力 谷口 公宣(たにぐち きみのぶ)
株式会社アクティア

ここまでで、ドメイン駆動設計の基本やモデルの設計パターンを見てきました。では、実際のプロジェクトに取り入れるにはどうしたら良いでしょうか。
本節では実際に開発プロジェクトにドメイン駆動設計を導入した経験から、現場に必要な4つの視点を解説し、3つの事例を紹介します。

 ### ドメイン駆動設計を活用しやすい開発方法は？

ドメイン駆動設計は特定の開発方法論に結び付いてはいませんが、アジャイルなソフトウェア開発を指向しています。書籍『ドメイン駆動設計』では、次の2つのプラクティスが定着していることを想定していると記載しています。

> ●**開発がイテレーティブである**
> イテレーティブ（反復的）な開発スタイルとすることで、変化と不確実さに対処する
> ●**開発者とドメインエキスパートが密接に関わっている**
> 開発をイテレーティブに進めていく中で、開発者とドメインエキスパート（業務に詳しい人）が密接に関わることで、膨大な知識をかみ砕き、ドメインについての深い洞察と、集中すべき主要な概念を反映したモデルを生み出していく

これは、いわゆるアジャイルな開発のやり方です。そして、複雑な業務ロジックに焦点を合わせてドメインモデルを作り、それをソースコードとして表現していくことを開発活動の中心としています。アプリケーション全体は、そのドメインモデルの周りに画面処理やデータベース操作を少しずつ追加していく開発のやり方です。

それに対し、ウォーターフォール的なやり方は、上流工程から下流工程へ段階的に要件定義→外部設計→内部設計と進んでいきます。アプリケーション全体を外側から定義していき、最後の実装作業を行うやり方です。「外堀からじっくりと埋めて本丸を落としていく」といったスタイルの開発の進め方です。

ドメイン駆動設計での開発方法は、本丸である複雑な業務ルールに焦点を合わせ、そこから積み上げて広げていくインクリメンタル（積み上げ式）なアプローチです。要点にフォーカスして、業務の知識を広げながらドメインモデルを成長させ、そのモデルを元に動くソフトウェアを組み上げていきます。

要点を絞ってそこに集中してドメインモデルを作り実装まで進める、というスタイルを取り入れられる開発プロセスであれば、なんらかの形でドメイン駆動設計の考え方とやり方を活かすことはできるはずです。

 ### 開発プロセスに取り入れるときの4つの視点

最近は、ウォーターフォール的なスケジュール管理をしつつ、柔軟に仕様変更を受け入れるアジャイルなやり方を取り入れたプロジェクトが増えているように思います。

ウォーターフォール的な開発のやり方でも、業務ルールを整理して実装することに限定すれば、ドメイン駆動設計は有用なアプローチにな

ります。ただし、関係者やチームなどの体制、プロジェクトの管理方法、文書化標準などで、従来のやり方との折り合いをどうするかなど、いろいろな考慮と工夫は必要です。

筆者らは、ウォーターフォール的な開発のやり方のいくつかのプロジェクトでドメイン駆動設計の考え方とやり方を取り入れてきました。それらを振り返ってみると、うまくいった／うまくいかなかったパターンがいろいろ見えてきました。そういうパターンを次の4つの視点から分類して紹介します。

・ドメイン知識を得やすい環境にする
・業務ルールをうまく抽出する
・チームでドメインの知識を共有する
・現実の制約の中でドメイン駆動設計を適用し続ける

ドメイン知識を得やすい環境にする

ドメイン駆動設計では、ドメインの知識を得やすい環境を作り上げることが非常に重要です。「開発者とドメインエキスパートが密接に関わっている」環境です。

顧客やプロダクトオーナーと一緒に開発できれば、ドメインモデルを成長させやすくなります。しかし、ウォーターフォール的なやり方しか経験していない関係者が多いと、なかなかそういうやり取りは難しくなります。そういう状況で筆者らは次のような取り組みをしました。

・顧客に前もって説明してうまく巻き込む
・顧客ではないが業務に詳しい人を見つける
・クラス名やパッケージ名を顧客と同じ言葉（日本語）で実装する

顧客に前もって説明してうまく巻き込む

顧客とのプロジェクトキックオフのときに、次のようなことを事前に伝えると、ドメイン駆動設計のやり方を取り入れやすくなりました。

・ビジネスの背景や開発の対象外の業務についても、たくさんヒアリングさせてもらい、そこを理解したうえで開発を進めたい
・ドメイン駆動設計という手法を取り入れて、言葉や設計にこだわって進めたい

顧客ではないが業務に詳しい人を見つける

顧客と直接やり取りできない場合でも、長年その現場で開発を行っているエンジニアがいれば、ドメイン知識を顧客並みに保持しているケースがかなりあります。たとえば、顧客先に10年常駐しているといったエンジニアです。そういう人をうまく巻き込んでいくと、保守運用経験に基づくドメイン知識の貴重な情報源になります。

クラス名やパッケージ名を顧客と同じ言葉で実装する

顧客が特殊な業務を行っていたり、用語が複雑だったりする際に、クラス名、メソッド名、区分値などを無理に英語に変換しようとするとおかしな言葉になってしまい、業務の言葉の意味やニュアンスがなくなってしまうことがあります。顧客と同じ言葉（日本語）でプログラミングをすることで、業務用語とプログラミングモデルが対応し、ユビキタス言語として顧客と開発者の間で言葉を共有できるので、モデルとして成長させやすくなります。

状況を変える工夫

そうはいっても、次のような状況はつきまといます。

・顧客自身も業務内容を言語化したり仕様を決定したりすることに慣れていない
・多段の受託構造になっていて開発を実際に担当する技術者と顧客との間が遠い

こういう状況でも、次のようなアプローチをすることで状況を良い方向に変えていけそうだと考えています。

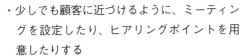
・少しでも顧客に近づけるように、ミーティングを設定したり、ヒアリングポイントを用意したりする
・顧客の意図を理解しやすくするために、開発者側が業務に対する一般知識をしっかりと身につける
・パートタイムや一時的でも良いので、開発チームに業務に詳しい人を巻き込む（とくに初期の段階）
・顧客の業務を実施しているところ（倉庫や現場等）を見学させてもらうことで、ドメイン知識を得ると共に顧客印象を良くする

業務ルールをうまく抽出する

ドメイン知識が手に入りやすい環境であっても、うまく業務ルールを抽出する工夫は重要です。そのために筆者らは次のような取り組みをしています。

・対象の業務領域を限定しながら進める
・顧客業務を理解できているか検証する

対象の業務領域を限定しながら進める

いきなり広範囲ですべての業務ルールを対象にドメイン駆動設計を適用しようとすると、知らないドメイン知識が多すぎて、業務ルールの抽出が困難になります。

最初は対象とする領域を限定して、その狭い領域に対する理解を深めます。そこを土台に少しずつ対象領域を広げながらドメイン知識を身につけ、業務ルールを把握していけます。

顧客業務を理解できているか検証する

業務ルールを把握して実装するだけでなく、早い段階から既存システムの実データを使って、業務ルールの実装部分を実際に実行して見せることで、顧客を含めて実際の数値や結果などを検証しました。

実データを使って検証することで、業務ルールを正しく理解し適切に実装できているかを早い段階から検証することができます。モデルについて理解が間違っていた点や、顧客と認識がズレていた点を擦り合わせることで、ドメインモデルや業務ルールの実装が確実に成長していきます。

状況を変える工夫

業務ルールの抽出に焦点を合わせることができていても、次のような状況は起こりがちです。

・開発チームの思い込みで開発を進めてしまう
・開発者にはなじみのない業務のため顧客の話を聞いてもよくわからない
・業務ルールの把握やドメインモデル作りに時間をかけすぎてしまう

こういう状況では次のようなアプローチをしていくと良い方向へ進めそうだと考えています。

・その領域の一般的な業務知識や業務ルールを基礎知識として書籍やネット上の情報から把握する
・その業務を実施している所を見学させてもらうことで、業務理解を深める
・実際に使用している商品や使用しているものの現物を見せてもらうことで、業務理解を深める
・範囲を限定的にして始め、すべてを同じように分析するのではなく、コアに集中する
・思い込みで業務ルールをとらえていないか顧客やプロダクトオーナーを含めて検証する機会を増やす

チームでドメインの知識を共有する

チーム内でのドメインの知識の共有も重要です。チーム内でドメイン知識を共有するために、次の取り組みをしました。

・チームメンバーが顧客業務に興味を持つよう
にする

・ドメインモデルの成長と共にメンバーを育てる

 ### 顧客業務への興味をチームメンバーが持つようにする

開発メンバーの全員がドメイン駆動設計の考え方とやり方で進めたいと思っているかというと、そうではないことも多いでしょう。技術的なことやプログラミングに興味はあるが、顧客業務を知りたいとは思わない人もいるでしょう。

チームの中に業務への興味を持ったメンバーが多いほど、ドメイン駆動設計を推進しやすいチームになります。ドメインモデルを作りそれをコードとして表現することを実際にやってみることで、ドメイン（実際の業務）と設計が密接に関係することを実感でき、意識が変わってくるメンバーが増えてきます。

 ### ドメインモデルの成長と共にチームメンバーを育てる

継続的に自社サービスの開発をするとか、受託開発の案件でも長期的に保守に関わるなど、チームメンバーが継続して同じソフトウェアに関わっていると、ドメインモデルとソフトウェアが成長すると共に業務理解がより深まっていきます。

チームにドメインの知識が浸透していくと、メンバーも業務に興味を持ちやすくなり、興味を持てば理解も進むという、良い循環が生まれます。業務に興味を持てば、メンバーが集まってモデリングをしたりする機会が増え、対話をすることで言葉を擦り合わせたり、深掘りすることでコアとなる部分をとらえやすくなったり、集合知として業務を理解できるようになります。

 ### 状況を変える工夫

チームでドメインの知識を共有するときに、次のような状況は起きがちです。

・スキルの高い特定のメンバーに知識が偏る

・分析作業を分業してしまう

・チームのメンバーが入れ替わって知識が残らない

チームメンバーのモチベーションやスキルによって、ドメイン駆動設計のアプローチを推進しにくいといった状況では、次のようなアプローチをしていくと良い方向に進められると考えています。

・モブプログラミング、モブモデリングをするなど和気藹々（わきあいあい）と業務理解に取り組むことで興味を促進する

・機能や実装部分に合わせてチーム分けをするのではなく、業務に合わせてチーム分けをする

・継続的にチームメンバーが業務知識を得ることができる環境／機会を整備する

・メンバーが入れ替わっても伝わる業務知識をできるだけ増やすために、開発者にとって最も重要な表現手段であるソースコードに業務知識が記述できているかという点をレビューの重要な観点と位置付ける

 ## 現実の制約の中でドメイン駆動設計を適用し続ける

ドメイン駆動設計に取り組んだとしても、さまざまな要因で継続が困難になっていく状況をたくさん見てきました。

最初はチームのモチベーションが高くドメイン駆動設計を推進できるのですが、プロジェクトの都合やプロジェクトに関わる人々の目指しているところの共通認識のズレなどが明らかになるにつれ、ドメイン駆動設計を継続して推進することが難しくなることがあります。現実の制約の中でドメイン駆動設計のアプローチを続けていくために、次のような取り組みをしました。

・作業工程にドメインモデルを成長させるタスクを追加する

・メンバーのスキルレベルに応じた進め方をする

・途中参加したメンバーが理解しやすいように
する

 **作業工程にドメインモデルを
成長させるタスクを追加する**

アジャイルなやり方であれば、ドメイン駆動設計のやり方であるイテレーティブ（反復的）でインクリメンタル（積み上げ式）な開発はやりやすいでしょう。しかし、WBSで作業分解し進行状況をガントチャートで可視化するウォーターフォール的な管理を進めていきながら、必要に応じて変更要求を受け付ける、といった進め方のプロジェクトも多いのではないかと思います。

そういうウォーターフォール式の枠組みの中でドメイン駆動設計を適用しようとすると、ドメインモデルに対する変更や新たな気づきでリファクタリングをしてドメインモデルを成長させる、といった活動をどこでやるかが課題になります。

1つの方法として、各機能ごとの開発中にその機能でのリファクタリングをするためのタスクや、ある程度まとまったところでリファクタリングするためのタスクを確保しておけば、チームにリファクタリングを実施する余力が生まれます。

 **メンバーのスキルレベルに
応じた進め方をする**

チーム全員でドメイン（事業活動）を理解しながら開発を進めていける状態が望ましいのですが、その人の業務に関する知識、モチベーション、技術力などから、全員が同じようにドメイン分析をして業務を理解しながら開発を進めていくのが難しい状況もあります。

そのような場合は、ドメインに対する知識量や技術力などでベテラン、シニア、ジュニアとクラス分けをして、ベテランの指示のもとシニアが主導してドメイン分析を実施して業務を理解し、開発する内容を明確にしたうえで、ジュニアメンバーへと展開していくといったやり方があります。こうした進め方で、ジュニアがシニアへ、シニアがベテランへと成長する機会を

増やします。

 **途中参加したメンバーが
理解しやすいようにする**

ドメイン駆動設計がうまくできていれば、業務知識はユビキタス言語としてソースコードに反映されている状態となります。そうなれば、プロジェクトに途中参加するメンバーがいたり、しばらく経って保守開発でソフトウェアを改修したりする際などでも、業務を理解しながらソフトウェアの内容を把握しやすくなります。

ドメイン駆動設計の効果は、このわかりやすさにあります。進化し続けるソフトウェアを生み出すということが、ドメイン駆動設計の目標です。

 状況を変える工夫

ドメイン駆動設計を適用し続けようとしても、次のようなさまざまな困難に直面することがあります。

・ドメイン駆動設計のやり方にプロジェクトマネージャーの理解が得られない
・プロジェクトがうまく進まないと、ドメイン駆動設計を取り入れたことがやり玉にあがる
・契約形態などでドメイン駆動設計のやり方に取り組むことにモチベーションが持てないメンバーもいる

新しいことにチャレンジしようとすると、現実との兼ね合いの中で困難になるのは当然です。そういう状況では、筆者らの経験からは次のようなアプローチをしていくと良い方向へと進めるのではないかと考えています。

・ドメイン駆動設計で開発したことがある人をメンバーに加え知見を共有してもらう
・ドメイン駆動設計の良し悪しをしっかりと把握して、良いところを有効に使えるように濃淡をつけて実施する
・1人では心が折れてしまいそうになるので、複数人で取り組み、お互いにモチベーションをフォローしあえる環境を作る

・経営層を巻き込んでトップダウンで推進して
いける環境を作る

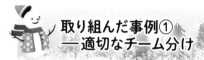

取り組んだ事例① ──適切なチーム分け

ここまで説明した内容は、筆者らが実際に経験してきたいくつかの開発プロジェクトの内容をふまえて整理したものです。その元になった具体的な事例を紹介します。チーム分けについて興味深い学びがあった案件です。

開発プロジェクトの状況

この案件は、会社も大きく開発もかなりの規模の取り組みでした。開発体制としては次のとおりです。

・顧客側：経営陣、業務部門、情報システム部
・開発会社：SIerのX社、Y社

開発は情報システム部主導で行われ、X社は画面担当の開発を実施する「画面チーム」、Y社はサーバサイドの開発を実施する「バックエンドチーム」という開発体制でした（図1）。

画面チームは、業務部担当者からヒアリングしたAs-Is（現状）の画面イメージベースで検討を進め、その画面仕様に基づいて必要なバックエンドAPIをバックエンドチームへと依頼していました。一方、バックエンドチームは、経営陣からTo-Be（理想）をヒアリングして業務改善やあるべき業務ルールによるAPIの開発、および画面チームから依頼されるAPIを開発していました。

この開発プロジェクトを4つの視点から見た状況は表1のとおりでした。

改善への取り組み

フロントエンド開発（画面チーム）とバックエンド開発とにチームを分けて開発していた結果、次のような課題が明確になりました。

・各チーム間での用語や仕様がかみ合わず一貫性がない状態となってしまった
・業務に関する認識がズレていて、開発の優先度や進め方の段取りがチーム間でかみ合わない状態となってしまった
・そういう状況を顧客側が整理し調整することができなくなっていた

▼図1　事例①における開発プロジェクトの状況

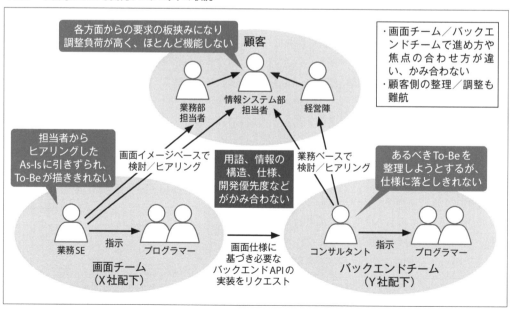

▼表1 事例①における開発プロジェクトの状況

4つの視点	状況
ドメイン知識を得やすい環境にする	ドメインの知識を得られる環境は整っていた。しかし情報の出どころが複数あることが原因で、チームによって業務理解が異なっていた
業務ルールをうまく抽出する	画面チームはAs-Isの画面に基づいた薄い業務ルールからの仕様抽出、バックエンドチームはTo-Beを軸にした業務ルール抽出だったため、文脈のズレによる意味の取り違えが多発していた
チームでドメインの知識を共有する	ここが最大の問題。文脈が異なっていたり画面ベースで業務をとらえていたりと、同じ業務に対してチーム間で異なるドメインモデルを使っていた
現実の制約の中でドメイン駆動設計を適用し続ける	用語や情報の構造がかみ合わない問題は認識していた。継続してドメイン駆動設計を適用し改善しようというモチベーションはあった

　この状況を改善するために、フロントエンド側とバックエンド側のチーム分けではなく、「業務領域ごとにチーム分けをする」といった体制に変えました。業務SE、画面担当、バックエンド担当、To-Beを仕様化するコンサルタントで1つのチームという体制です（**図2**）。

　こうすることで、境界づけられたコンテキスト単位でチームが構成され、1つのドメインモデルを共有できるようになりました。用語や設計を共有できるようになり、チーム内での相談もしやすい状況となりました。

　その結果、次のような改善効果が生まれました。

・業務ごとにチームがまとまることで、チーム

内で業務理解やモデルを統一できるようになった

・チーム内でモデルを共有して、業務ルールに焦点を合わせやすくなった

・業務単位のチームになったことで、画面担当とバックエンド担当の実装担当者間でドメインの知識を共有できるようになった

・「境界づけられたコンテキスト」の適用の効果がはっきり現れたことで、ドメイン駆動設計の考え方で進めていこうという気運が生まれた

 その後の展開

　その後明らかになった課題として、今度は業

▼図2 事例①における開発体制のイメージ（改善後）

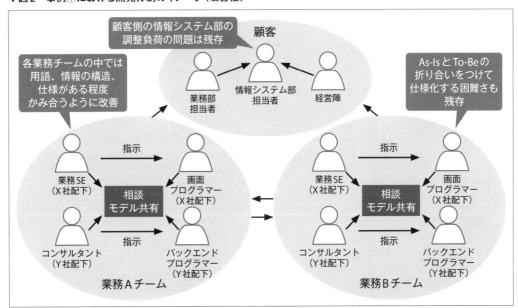

務単位のチーム間での情報の連携、統制が課題となってきました。業務間でのインターフェースが必要となってきた際に、その仕様の決定権を誰が持つのかといったあたりをどのように進めていくかといった問題です。

このあたりは、コンテキストマップを使って課題と改善方法の認識を合わせることが有効だと考えます。残念ながら、開発方針や体制に大きな変更があり、筆者らが関与できたのはこの段階まででした。

取り組んだ事例②―詳細設計書をプログラミング言語で記述

文書化のやり方を変えることに取り組んだ事例を簡単に紹介します。

このプロジェクトでは、フェーズを分けドキュメント駆動で進める従来の開発のやり方の中で、ドメイン駆動設計を取り入れました。取り組みとしては、詳細設計書をプログラミング言語で記述して、ソースコードから詳細設計書に対応する文書を自動生成する、というものです。

改善前の状態では、各フェーズごとに次のような成果物を作りながら開発を進めていました（成果物と役割の関係は**図3の左**のとおりです）。

・要件定義フェーズ：要件定義書
・外部設計フェーズ：基本設計書
・内部設計フェーズ：詳細設計書
・実装フェーズ：プログラム
・テストフェーズ：テスト仕様書（および実施

結果）
・全般：業務マニュアル

この取り組みの狙いは次のとおりです。

・フェーズごとに担当者が分かれてドキュメントを作り伝言ゲームになる状況を少しでも改善する
・網羅的なドキュメント作りの費用対効果の悪さを改善する

具体的には、**図3の右**のように、詳細設計書をExcelなどで作るのではなく、プログラミング言語とそのコメントで表現するようにしました。JIG[注1]というツールを使って、ソースコードからHTML形式のドキュメント、クラス図、パッケージ関連図を自動生成しました。一覧資料などはExcel形式でも出力しました。

その結果は次のとおりです。

・伝言ゲームの詳細設計のステップをなくすことで、業務SEの役割とプログラマーの役割を同じ人が担当したり、それらの役割の人同士が非常に密にやり取りするようになり、ドメインの知識と実装がつながりやすくなった
・業務ルールの要点を押さえながら抽出し、プログラムへとつなげて表現していけるようになった
・プログラマーの役割の人から実装レベルでの細かい仕様への気づきを得て、業務ルール

注1) **URL** https://github.com/dddjava/jig

▼**図3　成果物と役割（左：改善前、右：改善後）**

	顧客	業務SE	プログラマー
要件定義書	レビュー	作成	参照
基本設計書	レビュー	作成	参照
詳細設計書		作成／レビュー	作成
プログラム		レビュー	作成
テスト仕様書	レビュー	作成／実施	作成／実施
業務マニュアル	作成		

	顧客	業務SE	プログラマー
要件定義書	レビュー	作成	参照
基本設計書	レビュー	作成	◎作成
詳細設計書	★	★	★
プログラム		◎作成／レビュー	作成
テスト仕様書	レビュー	作成／実施	作成／実施
業務マニュアル	作成		

★：プログラムで表現可能なものはドキュメントを作らない
◎：可能な限り物理的なプログラムで仕様を表現できるように、これまでは「互いの領分」としていた部分に踏み込む

の精緻化に結びつけられるようになった
・伝言ゲームが1ステップなくなることで、ド
メイン知識の共有が改善した

詳細設計書の記述をプログラミング言語に置き換えていくやり方は、「詳細設計書を作る」ことが前提になってしまっている人たちには、最初はなかなか受け入れてもらえないかもしれません。詳細設計書をなくすことが目的ではなく、将来の発展性を実現するために業務知識と実装を近づけようとしているアプローチだということを、関係者間で認識を合わせる必要があります。詳細設計書の記述方法が変わっただけだと理解でき、作成作業をなくせることを実感してもらうと、担当者レベルでも管理者レベルでも前向きに受け入れてもらえるようになります。

取り組んだ事例③──スケジュール管理のやり方を工夫

最後に、スケジュール管理のやり方を工夫してみた事例を紹介します。

ドメイン駆動設計を取り入れて開発を進めていく中で、どのように進捗を管理すればよいでしょうか。まず、WBSからガントチャートでの管理を適用して進捗管理をした事例を見ていきましょう。

 ## WBS、ガントチャート方式

ドメインモデルの成長の進捗を定量化しづらいことは変わりませんが、明示的にリファクタリングのタスクを置くことで、ドメインモデルの成長をさせるタイミングをガントチャートの中でコントロールできるようになります。

図4の上のように、計画段階でリファクタリングのタスクを定義しておきます。しかし、メンバーが「進捗を出す」ことに強くインセンティブが働くため、リファクタリングタスクが徐々に名目化していく傾向がありました（図4の下）。スキップしてもよい作業、作業が終わらなかった際の単純なバッファ、といった認識になってしまい、継続的なモデルの改善を行うといった活動につながっていきませんでした。

それぞれのメンバーは「明確な違和感」や「現状のドメインモデルでは解決できない具体的課題」などを実感していなくても、ドメインモデルの見直しと認識合わせの場としてリファクタリングタスクを活用することで、ドメインモデルの成長を意図的に促すことができます。

その結果は次のとおりです。

・ドメインモデルに焦点を合わせたタスクを定義しておくことで、ドメインの知識を得る機会を増やすことができた
・WBSとガントチャートでの管理は、従来ど

▼図4　ガントチャートによる進捗管理（上：計画段階、下：実際）

計画		タスク	2022/12/26							2023/1/2				
			M	T	W	T	F	S	S	M	T	W	T	F
1		機能A開発	■											
2		機能B開発			■									
3		リファクタリング					■			■				
4		機能C開発									■	■	■		

実際		タスク	2022/12/26							2023/1/2				
			M	T	W	T	F	S	S	M	T	W	T	F
1		機能A開発	■	■	■									
2		機能B開発				■	■				■			
3		リファクタリング													
4		機能C開発									■	■	■		

おりの画面やテーブルといった単位でタスクが分割され、業務ルールをとらえる視点が狭くなり業務ルールに焦点を合わせることは難しかった
・ガントチャートだと作業の進み具合や、どういった機能が必要かといった視点でのドメインの知識はとらえやすくなったが、機能横断的な業務の深い知識の共有はうまくいかなかった
・それぞれの機能を作ることにフォーカスしてしまいがちで、周りの機能との関係を業務の視点からとらえられなかった
・WBSをもとにしたガントチャートでの管理は、顧客やプロダクトオーナーへの報告を含めてプロジェクト管理をするうえで状況を周りに伝えやすかった

　全体としてみると、WBSをもとにしたガントチャートでの管理は、ドメインモデルの健全な成長を阻害する原因になりがちです。傾向として「ドメイン駆動設計のやり方を取り入れてみたが、ドメイン駆動設計のメリットを感じられない」という結論になりがちな管理方法ではあるので、工夫の余地はありますが推奨ではないといった見解が筆者らの結論です。

マイルストーンとタイムボックスでの管理

　もう一つのやり方として、マイルストーンとタイムボックスで管理するやり方でドメイン駆動設計に取り組んでみた事例もあります。機能のまとまり（業務）単位でマイルストーンとタイムボックスを設定し、作業レベルは各タイムボックスの中で管理することで、個々の作業進

捗よりも業務レベルでの価値の提供にフォーカスするやり方です（**図5**の「**計画**」）。

　マイルストーンベースで進捗を管理した案件では、ドメインモデルの成長を意識しすぎて分析過多、レビュー過多、リファクタリング過多になってしまい、プロジェクト中盤以降で時間不足に悩まされました。しかし、そこを改善できれば、この進め方でうまくできそうな手ごたえはありました（**図5**の「**実際**」）。

　具体的には次のような結果でした。

・業務単位のマイルストーンにすることで、対象業務についての知識を獲得し、ドメインモデルをもとに語り合ったりする行動が生まれやすくなった
・顧客やプロダクトオーナーがやり方に慣れてくるにつれて、ドメインの知識を引き出しやすくなった
・業務単位にスコープを限定することで、その業務に関する業務ルールの抽出に焦点を合わせやすくなった

　ただし、ドメインの分析やドメインモデルを作っていくことが楽しくなり時間をかけすぎてしまったり、開発チーム内での思い込みだけで先に進んでしまったりすることも多く、大きな反省点です。

　このやり方で進める場合は、プロジェクト前半ではアーキテクチャ上の決定、対象業務全体の学習に時間を使い、プロジェクト中盤以降でアーキテクチャが固まり、チームがすべての業務について一定の理解を得た状態になってから、モデルの成長への改善活動に時間を割くと良いでしょう。全体への理解がない状態でモデルの成長にフォーカスしてしまうと、品質を作り込んでいるつもりが、間違った最適化や抽象化へ時間をかけていただけとなることがよくあるためです。**SD**

▼**図5　マイルストーンでの進捗管理**

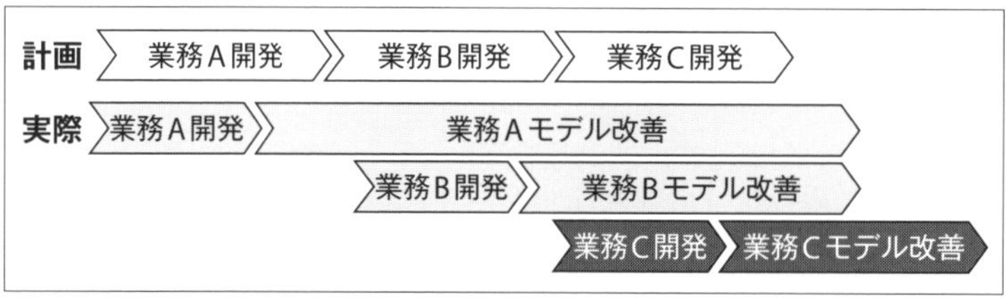

計画	業務A開発	業務B開発	業務C開発

実際	業務A開発	業務Aモデル改善
	業務B開発	業務Bモデル改善
	業務C開発	業務Cモデル改善

1-5 ドメイン駆動設計のパターン名＆用語集

用語の解釈で迷子にならないために

Author 増田 亨（ますだ とおる）
執筆協力 山崎 仁（やまざき ひとし）
株式会社アクティア

ドメイン駆動設計を理解するときに困るのが、意味がよくわからない用語がたくさん出てくることです。「ドメイン」や「ユビキタス言語」はその代表例でしょう。
本節で、ドメイン駆動設計の基本的な用語の意味を関連イメージとともにしっかり押さえ、今後の学習の指針としましょう。

本節ではドメイン駆動設計の基本的なパターンと用語を次の3つのパートに分けて説明します。

- 「ドメインモデル」に関連するパターンと用語
- 「戦略的な設計」に関連するパターンと用語
- ドメインモデルを使う側に関連するパターンと用語

「言葉の意味」を考える

用語の説明に入る前に、言葉の意味について考えてみましょう。

言葉の意味は固定的でもなければ、厳密に定義できるものでもありません。言語学者の鍋島弘治朗氏によると、次のように考えられます[注1]。

- 頭の中のイメージ（脳の中で活性化しているなにか）
- 文脈に依存（さまざまな条件との相互作用）
- 捉え方（個人の主観）

要するに言葉の意味はあいまいで、人によってとらえ方が違うわけです。エヴァンス氏は、これは開発を進めるうえで大きな問題であり、そこを改善することが良い設計につながると考えました。ドメイン駆動設計のパターンの多くは、言葉の解釈の違いを発見したり認識を合わ

せたりするための考え方とやり方なのです。

私とあなたのとらえ方の違いを超えて

具体例で考えてみましょう。

本節の説明は私（筆者）のとらえ方の言語化です。それを読むあなた（読者）の頭の中には、あなた自身のとらえ方がなんらかのイメージとして浮かんでくるはずです。

しかし、あなたの頭の中のイメージと私の頭の中のイメージとは一致しません。お互いの持っている経験や知識が異なります。書く側の意図と読む側の目的も違います。そういう異なる文脈で言葉を解釈すれば、意味のとらえ方は当然違ってきます。

そういうお互いの意味のとらえ方の違いを乗り越えて意図を伝え認識をすり合わせていくには、どんなやり方があるでしょうか。その手がかりがドメイン駆動設計のパターンなのです。

「ドメインモデル」に関連するパターンと用語

ドメイン駆動設計の中心となるパターンの1つがドメインモデルです。まず、ドメインモデルとそれに関連するパターンや用語として次のものを説明します。

- 知識豊富な設計と深いモデル
- ユビキタス言語
- モデル駆動設計

注1） 鍋島 弘治朗 著『認知言語学の大冒険』（開拓社、2020年）第2章「従来の意味論と認知言語学」

▼図1　ドメインモデルとの関連イメージ

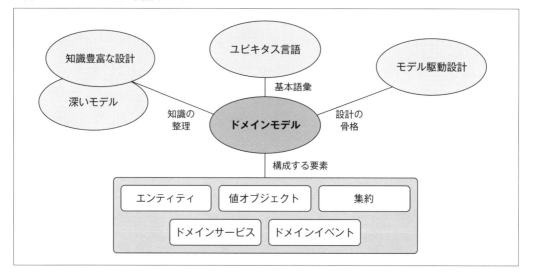

これらの関連を示したイメージが**図1**です。

ドメインモデル（domain model）

まず「ドメイン」と「モデル」の2つに分けて説明します。

ドメイン（domain）

エヴァンス氏の「ドメイン」の説明は「知識、影響、または活動の領域」です。一般的な訳語としては最後の「領域」を使うことが多いでしょう。

英語のドメイン（domain）という言葉には「区切られた範囲」というイメージと「統治する」というイメージがあります。「統治する」は英語だと動詞の"rule"です。つまり、ドメインは「なんらかのルールに基づいて管理されている範囲」というイメージの言葉です。

ドメイン駆動設計では、**ドメイン**を「事業活動の領域」や「業務の領域」という意味で使っています。その領域（ドメイン）には「事業方針」とか「業務ルール」とか何か決めごとがあることを示唆しています。

ドメインが異なれば別のルールが適用されます。企業が異なればそれぞれの企業は自社独自の方針とルールで事業を進めます。

インターネットの「ドメイン」も同じことです。インターネットは独立した別々のネットワークをつなぐしくみです。それぞれのローカルなネットワーク（ドメイン）の内側では、そのネットワーク独自の方針とルールで運用されています。

☀ モデル（model）

モデルは「簡略化」です。書籍『ドメイン駆動設計』では「ドメインにおける選択された側面を記述し、そのドメインに関連した問題を解決するのに使用できる抽象体系」と説明しています。「選択」や「抽象」によって全体を簡略に表現したものがモデルです。

「モデル」は日常的にも目にすることが多い言葉です。場面（文脈）によって「モデル」はいろいろな意味で使います。たとえば、絵や写真のモデル、車のニューモデル、コンピュータの世界だと計算モデルやデータモデルなどです。

絵や写真のモデルや車のニューモデルは、たくさんある中の代表例というようなイメージでしょうか。計算モデルやデータモデルは、ドメイン駆動設計の文脈の「簡略化」とか「抽象化」というイメージと近い感じです。

場面によって「モデル」は、理想形とかお手本にすべき良い形という意味で使うこともあります。しかし、ドメイン駆動設計の文脈ではモ

デルを「理想形」というような意味では使いません。目的は「関連した問題を解決するための簡略化」であって、理想形を探しているわけではありません。

◆　◆　◆

2つの言葉をつなげた**ドメインモデル**の意味は「ルールが適用される限られた範囲」を「簡略化」したものとなります。

ドメイン駆動設計の対象は事業領域です。その領域独自のルール（業務ルール）を簡略化したものがドメインモデルです。

本書の1-1節で説明したようにドメイン駆動設計では、ドメインモデルを次の3つの用途で使います。

・業務知識の習得と整理
・開発活動で意図を伝え合うための基本語彙
・クラス設計やパッケージ設計の骨格

知識豊富な設計と深いモデル

ドメインモデルの1つめの用途は業務知識の習得と整理です。その活動の方向性を表現したものが**知識豊富な設計**と**深いモデル**です（どちらも『ドメイン駆動設計』第1章「知識をかみ砕く」に出てくる言葉）。

✴ 知識豊富な設計

知識豊富な設計とは、断片的な知識の量を増やすことからもっと先に進んで、重要な業務ルールを見極め、業務ルール間の重要な関係性を把握するためにドメインモデルを作っていくということです。知識の豊かさは知識の量ではなく「要点」と「関係性」の理解です。

✴ 深いモデル

深いモデルは、最初の段階では見落としていた重要な業務ルールに気づいたり、業務ルールの背景にある暗黙的な枠組みが明示的に表現できるようになったりしたドメインモデルです。こういう深い理解に到達するためには、業務に

ついて継続的に学び、モデルと設計の改善（リファクタリング）を繰り返すというのが、ドメイン駆動設計のやり方です。

◆　◆　◆

知識豊富な設計と深いモデルは、ドメイン駆動設計に取り組むときに、関係者で目指す方向の認識を合わせるために必須の言葉です。

ユビキタス言語

ドメインモデルの2つめの用途は、意図を適切に伝えるための基本語彙の提供です。ドメインモデルのこの用途と密接に結びついたパターンが**ユビキタス言語**です。

「ユビキタス」とは「いつでも、どこでも」という意味の言葉です。ユビキタスコンピューティングという言葉を目にしたことがある人がいるかもしれません。ドメイン駆動設計の文脈では、開発に関わる関係者全員が「いつでもどこでも同じ言葉を使う」という目標を表現した言葉がユビキタス言語です。

業務を実際に担当している人たちが使っている言葉を開発者も使って会話し、その言葉がクラス名やパッケージ名やコミットログにも表れる、それがユビキタス言語です。関係者全員でいつでもどこでも同じ言葉を使って開発するというやり方です。

ドメインモデルは、ユビキタス言語の基本語彙です。開発を進めるときに使うすべての言葉をドメインモデルに入れるわけではありません。ユビキタス言語には、ドメインモデルに入らなかった用語も幅広く含みます。「選び抜いた基本の語彙（ドメインモデル）の認識があっていれば、その周りにつながるさまざまな言葉の認識も合わせやすくなる」というのが、ドメインモデルとユビキタス言語の関係です。

モデル駆動設計

ドメインモデルの3つめの用途は、設計の骨格を提供することです。ドメインモデルを元にしてクラスやパッケージを設計する、それがモ

デル駆動設計という考え方です。

ドメインモデルは「選び抜いた重要な知識」の集まりです。すべてのクラスとパッケージがドメインモデルに含まれるわけではありません。

パッケージ（名前空間）は、全体の構造を整理するための重要な役割を果たします。そういう意味では、ほぼすべてのパッケージ名は、ドメインモデルに含まれることになるでしょう。

一方、要点だけを選び抜いたドメインモデルに含まれるクラスは、主要なものだけになるでしょう。ドメインモデルにすべてのクラスが含まれるわけではありません。

 ## ドメインモデルを構成する要素

ドメインモデルを構成する要素として次のパターンがあります。

・エンティティ
・値オブジェクト
・集約
・ドメインイベント
・ドメインサービス

ドメインモデルの構成要素であるということは、これらのパターンはクラスの設計パターンであるだけではなく、業務知識の習得と整理のためのパターンであり、開発を進める中で意図

を伝えるための基本語彙を定義するためのパターンです。

これらのパターンの目的は、ドメインモデルを作り育てていくことです。ドメインモデルは選び抜かれた重要な業務知識です。そのため、ありとあらゆるクラスをこのパターンに当てはめて設計する必要はありません。

大切なことは、ドメインモデルを作り育てるための重要な業務知識を発見し、整理し、動くソフトウェアとして表現することです。アプリケーションに必要なクラスではあるが重要な業務知識とは言えないクラスまで、このパターンのどれかに当てはめて設計しようとする必要はありませんし、このパターンの使い方として方向がずれています。

これらのパターンの意味と使い方については本書の1-2節で具体的に説明しています。そちらを参考にしてください。

 ## 「戦略的な設計」に関連するパターンと用語

『ドメイン駆動設計』の第4部「戦略的な設計」で説明されているパターンは、システムが大規模になって巨大なモデルを扱うための考え方とやり方です。

本書の1-3節「分散アーキテクチャとドメイ

▼図2　戦略的な設計に関連するパターンと用語のイメージ

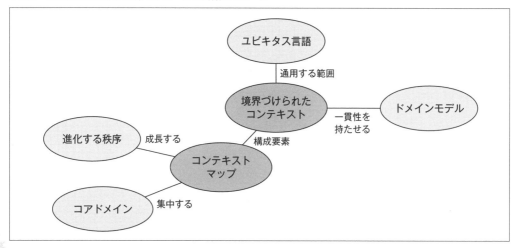

ン駆動設計」でも説明しているように、ドメイン駆動設計は大きく複雑なシステムは、全体を単一のモデルとしてとらえるのではなく、複数の構成要素がつながって全体を構成する分散モデルとしてとらえます。

戦略的な設計に関わる主要なパターンと用語は次のとおりです（関連性のイメージは**図2**）。

・境界づけられたコンテキスト
・コンテキストマップ
・コアドメイン
・進化する秩序

 ### 境界づけられたコンテキスト

境界づけられたコンテキストは「ユビキタス言語」と関係します。

本節の最初で説明したように、言葉の意味は文脈（コンテキスト）によって異なります。文脈（コンテキスト）とは言葉の意味に影響を与えるさまざまな条件の集まりです。関係者全員が1つの言葉（ユビキタス言語）を使って開発を進めるには、言葉の意味の解釈が矛盾なく一貫している必要があります。言葉が同じ意味で通用する範囲を特定するためのパターンが「境界づけられたコンテキスト」です。

「ユビキタス言語」の基本語彙を提供する「ドメインモデル」も必然的に「境界づけられたコンテキスト」の中で作ることになります。そうすることで、矛盾なく一貫性のあるドメインモデルを維持することができます。

ドメイン駆動設計の開発のやり方を3つの言葉を使って説明すると次のようになります。

> 明示的に**境界づけられたコンテキスト**の中で、関係者全員が同じ言葉（**ユビキタス言語**）を使いながら、重要な業務知識を**ドメインモデル**として抽出し、それを設計の骨格として動くソフトウェアを作っていく

ソフトウェア開発で、言葉の解釈の違いに大きく影響する条件は次の3つです。

・チーム
・ソースコードを管理する単位
・データベースを管理する単位

この条件によって具体的に決まってくる「境界づけられたコンテキスト」と矛盾のない一貫したドメインモデル（とユビキタス言語）が通用する範囲を一致させることが、戦略的な設計の基礎となります。

 ### コンテキストマップ

複数の「境界づけられたコンテキスト」が集まって大規模なシステムを構成します。その全体像を俯瞰したモデルが**コンテキストマップ**です。

コンテキストマップは、システム全体像を関係者で共通の認識にするために役立ちます。大きく次の2つの使い方があります。

・システム全体をどういうコンテキストに分割しているかの認識合わせ
・コンテキスト間の連携箇所と連携方法の認識合わせ

大規模なシステムでは関係者が多く利害関係が対立することも少なくありません。なんらかの方法で調整し合意形成が必要です。

コンテキストマップを使った現状の認識合わせが、合意形成の出発点になります。もちろん現実の世界での調整や合意形成は簡単ではありません。そのときにどのような選択肢があるかは、本書の1-3節の説明を参考にしてください。

 ### コアドメイン

事業活動を支援するには、さまざまな業務を対象にしたソフトウェア開発が必要です。しかし、ソフトウェアを開発する資源（人、予算、時間）は限られています。

貴重な開発資源を効果的に活用するためには、

重点的に投資する領域と、そうではない領域を見極める必要があります。

重点的に投資すべき領域を特定するための考え方とやり方が「コアドメイン」パターンです。コアドメインは、他社と差別化し事業を存続させ発展させる原動力となる領域です。そういう領域（コアドメイン）を特徴づけるのは、一般的に次の3つの特性です。

・自社独自の業務のやり方をしている
・業務プロセス、業務ルールが複雑
・変更が継続的に発生する

進化する秩序

大規模なシステムの全体像であるコンテキストマップは、一度描いたらそれで固定されるものではありません。それぞれの構成要素（ドメインモデルとそれを元にしたソフトウェア）とそのつなぎ方は、時間とともに変化します。

その変化を常にコンテキストマップに反映しながら、関係者の認識合わせ、調整、合意形成を繰り返す必要があります。その際には、全体の秩序を整えながら進化させていくことが重要です。そのためのパターンとして「責務のレイヤー」があります。

責務のレイヤーは、1つのドメインモデルの中で、パッケージの役割を分類しパッケージ間の依存関係を整理するためのパターンです。

同じ考え方は、コンテキストマップの構成要素（境界づけられたコンテキスト）の役割の分類と依存関係の整理にも応用できます。

ドメインモデルを使う側のパターンと用語

ドメイン駆動設計は、複雑な業務ロジックに焦点を合わせ、ドメインモデルを作りながら業務知識を整理し、全員で同じ言葉を使って開発を進め、動くソフトウェアを作り出すための設計手法です。

このアプローチで作り出すドメインモデル（を実装したソフトウェア）がアプリケーションの中核となります。その中核部分を動かすためのパターンに次のものがあります（関連性のイメージは**図3**）。

・アプリケーションサービス（ユースケース）
・ファクトリー
・リポジトリ

これらのパターンはドメインモデルの構成要素ではありませんが、アプリケーションを組み立てるためには必須のしくみです。

アプリケーションサービス（ユースケース）

ドメインモデルを構成する要素の中で、アプリケーションが必要とする計算判断サービスを提供するのは、おもに「集約」です。

▼図3　ドメインモデルを使う側のパターンと用語の関連イメージ

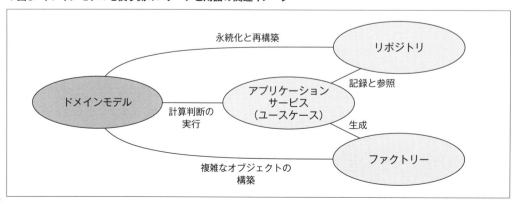

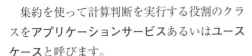
集約を使って計算判断を実行する役割のクラスを**アプリケーションサービス**あるいは**ユースケース**と呼びます。

アプリケーションサービスは以降で説明する「ファクトリー」パターンや「リポジトリ」パターンを使って必要な集約を手に入れ、その集約を使って計算判断を実行し、必要に応じてその計算判断の結果をリポジトリを使って記録（永続化）します。

 ファクトリー

ファクトリーは、複雑な集約を生成する責任を集約から分離するためのパターンです。

集約は、複雑な業務ルールに基づく計算判断ロジックを実装したオブジェクトです。複雑な計算判断ロジックを実現するために、内部にさまざまな値オブジェクトなどを部品として持つ複雑な構造になりがちです。

そういう複雑な構造になった集約を組み立てるためのロジックを分離するためのパターンがファクトリーです。

集約を本来の役割に特化させるために、集約から生成ロジックを分離するパターンです。

 リポジトリ

リポジトリは、集約の永続化と再構築の役割を集約やアプリケーションサービスから分離するためのパターンです。

集約の永続化と再構築は、業務ロジックとは異なる関心事です。ファクトリーと同じように、集約やアプリケーションサービスを本来の役割に特化させるためのパターンです。

アプリケーションサービスからは、リポジトリはドメインオブジェクトのコレクションを操作するしくみと同じに見えます。**SD**

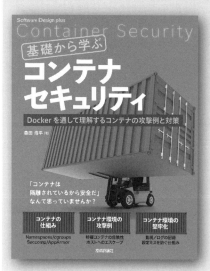

\\どうやって実現する？//

ドメイン駆動設計
実践ガイド
理論の先にある応用力を身につけよう

ドメイン駆動設計（DDD）の実装は、ドメイン（業務領域）を深く理解することから始まります。ドメイン理解のためには有用な手法がいくつか存在していますが、理論だけではわかりづらく、いざやってみようと思ってもなかなか踏み出せなかった人も少なくないのではないでしょうか。

本章では、DDDの概要を再確認しつつ、実例を混えたDDDの手法を解説します。DDDの根幹を担う「ユビキタス言語の策定」、ドメインの発見に役立つ「イベントストーミング」、そしてイベントストーミングで得られた知識からコードを導く「イベントソーシング」という、効果的な3つの手法を実際に体験することで、DDDを普段の開発に活かす第一歩を踏み出しましょう。

2-1 **ドメイン駆動設計の概要** 本来の目的を再確認し、軽量DDDから脱却する
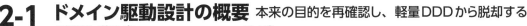
Author 増田 亨 ──────── P.58

2-2 **ユビキタス言語** 定義と効果を理解してチームで実践してみよう
Author 大西 政徳 ──────── P.69

2-3 **イベントストーミング** ドメインを解析してモデルを形作る
Author 成瀬 允宣 ──────── P.80

2-4 **イベントソーシング** イベントストーミング図を基に実装する
Author 成瀬 允宣 ──────── P.94

\どうやって実現する？/
ドメイン駆動設計**実践**ガイド
理論の先にある応用力を身につけよう

2-1
ドメイン駆動設計の概要
本来の目的を再確認し、軽量DDDから脱却する

ドメイン駆動設計に関する設計手法にはさまざまなものがありますが、ただその手法を個別に使うだけでは、ドメイン駆動設計の本来の目的は達成できません。本節では、概念的ながらも非常に重要なドメイン駆動設計の目的についてあらためて確認したうえで、主要な設計手法を復習していきます。

Author 増田 亨（ますだ とおる） 有限会社システム設計
X(Twitter) @masuda220

ドメイン駆動設計とは

　ソフトウェア設計にはさまざまな考え方とやり方があります。体系的な方法論や設計パターンとして形式的に言語化されたものもあります。あるいは、経験豊富なソフトウェア開発者であれば、うまく言語化ができないまでも、自分なりの設計の考え方とやり方を持っていることでしょう。

　本節」では、ドメイン駆動設計ならではの特徴に焦点を合わせて、ドメイン駆動設計の概要を紹介します。ドメインとはソフトウェア開発の対象領域です。本節では、より具体的に、ドメインを事業活動、ドメインロジックを業務ロジックとして説明します。

ドメイン駆動設計の特徴

　『エリック・エヴァンスのドメイン駆動設計』[注1]の「まえがき」によれば、ドメイン駆動設計に特徴的な考え方は次の3点です。

①複雑な業務ロジックに焦点を合わせる
②モデルに基づいて設計する

注1）『エリック・エヴァンスのドメイン駆動設計』(Eric Evans 著、今関 剛 監訳、和智 右桂、牧野 祐子 訳、翔泳社、2011年)

③リファクタリングを頻繁に行う

　この3つをばらばらに見ると、②と③はドメイン駆動設計に固有の考え方ではありません。どのようなソフトウェア開発でも、モデルに基づく設計とリファクタリングは重要だと言えるからです。

　すなわち、ドメイン駆動設計を特徴付けるのは①の**複雑な業務ロジック**に焦点を合わせることです。そのための手段として、モデリングとリファクタリングを重視しています。

　この3点について、それぞれ詳しく見てみましょう。

①複雑な業務ロジックに焦点を合わせる

業務ロジックと業務ルール

　そもそも、①に登場する「業務ロジック」とはどんな概念なのでしょうか。業務ロジックを理解するには、まず「業務ルール」について知っておく必要があります。

　業務ルールとは、「事業目標を達成するための行動を統制する決めごと」を指します。売上最大化とコスト最小化のために、適切な行動を刺激し、不適切な行動を制限するさまざまなルールのことです。業務ルールは事業活動に組み込まれています。つまりソフトウェアの外部に存在します。

▼図1　業務ロジック

それに対し、業務ロジックはソフトウェアそのものです。業務ロジックとは、「業務ルールに基づく計算判断」であり、ソフトウェアとして表現された業務ルールとも表現できます。

業務ロジックは、事業活動の状況を表現する業務データを使って、業務ルールに基づく計算判断を行います（図1）。適切な行動を起こすために必要な情報を生成します。業務データを検証して不適切な行動と判断した場合は、実行を中断し警告します。

複雑な業務ロジックと競争優位

業務ロジックには、単純なものもあれば複雑なものもあります。ドメイン駆動設計は**複雑な業務ロジック**に焦点を合わせます。なぜなら、ソフトウェアの中核の価値は、複雑な業務ロジックから生まれるものだからです。

業務ロジックが複雑になる理由は、事業活動にあります。事業を存続し発展させるためには、競合他社と差別化し、競争優位を生み出すことが必要です。そのためには、他社が簡単にはまねができない、自社独自の事業のやり方を工夫して編み出す必要があります。複雑な業務ロジックは、その過程で必然的に生まれます。他社が簡単にまねできるような単純な業務ロジックであれば、競争優位は生み出されません。

業務ロジックの発展性

競争優位を生み出す複雑な業務ロジックには、変更が頻繁に起きます。競争優位を維持し、事業を継続的に発展させるためには、事業環境の変化に対応できるように、業務ロジックの継続的な修正と拡張が必要です。

そのため、業務ロジックには修正と拡張が容易であることが求められます。事業活動にとって重要な業務ロジックであるほど、修正と拡張が容易でなければいけません。ソフトウェアが複雑になっても発展性を維持することは、ドメイン駆動設計の重要な目標です。

複雑な業務ロジックに集中するべき理由

ソフトウェア開発は大変です。やるべきことが山ほどあります。そして、限られた時間の中で、さまざまなトレードオフを考慮しながら、一定以上の成果を出すことが求められます。このような状況で、ソフトウェアのありとあらゆる場所の設計を時間をかけて洗練させることはできません。設計にかけられるリソースは限られており、ほとんどの場所は、必要最小限の設計で済ませることになります。

限られた時間を使って設計を行うのであれば、競争優位を生み出す複雑な業務ロジックに集中するのが、事業活動にとって費用対効果の高い取り組みです。これがドメイン駆動設計の根底にある考え方です。

複雑な業務ロジックに焦点を合わせた設計を洗練させていくと、ソフトウェア全体にさまざまな波及効果が生まれます。ソフトウェアの開発で、複雑なのは業務ロジックだけではありません。画面、データベース、通信などあらゆる場所で複雑さと向かい合うことになります。業務ロジックを画面ロジックやデータベース操作ロジックから分離することで、画面やデータベースを扱うコードが単純になります。また、競争優位を生み出す複雑な業務ロジックを特定することは、重要な画面、重要な業務データ、重要な通信を特定することにつながります。開発や品質保証の重点対象を特定し、そこに重点的に時間とエネルギーを投入することで、ソフトウェア開発全体の費用対効果が向上します。これらが、複雑な業務ロジックに焦点を合わせるというソフトウェア開発の考え方の目的です。

②モデルに基づいて設計する

ドメイン駆動設計では、複雑な業務ロジックを理解し整理する手段としてモデルを作成します。モデルとは簡略化です。要約であり抽象化です。複雑な対象を理解し、整理するためにモデルを活用するのであり、モデルの作成そのものはドメイン駆動設計の目的ではありません。

ソフトウェアを作るためのモデルは2種類に分類できます。1つは業務内容や要求を理解するためのモデルです。これを**分析モデル**と呼びます。もう1つは、ソフトウェアを実際に作るためのモデルです。こちらは**設計モデル**と呼びます。分析モデルは、複雑な事業活動を理解し、それを統制するさまざまな業務ルールを把握するために必要です。また、設計モデルは複雑な業務ルールをソフトウェアで表現するために必要とされます。

ドメイン駆動設計は、**分析モデルと設計モデルを一致させる**ことに価値をおきます。業務ルールの構造である分析モデルと、ソフトウェアの構造である設計モデルが一致していることで、事業の要求に基づく修正と拡張が楽で安全になります。もし、業務ルールの構造とソフトウェアの構造が大きく異なっていると、どこをどう変更すれば良いかが特定しにくくなり、業務的にはあたりまえの変更が、ソフトウェア的にはやっかいで危険な取り組みになりがちです。

 ③リファクタリングを頻繁に行う

理解のための分析モデルと、ソフトウェアを作るための設計モデルを一致させることは簡単ではありません。開発の初期の段階では、業務知識が圧倒的に不足しています。その段階で設計したソフトウェアの構造は、業務知識が増えるたびに、ほころびや歪みが目立ってきます。

また、役に立つソフトウェアは、新たな要求を呼び寄せます。とくに、競争優位を生み出す複雑な業務ロジックの修正と拡張は、緊急度も重要度も高い変更要求です。しかし、複雑なソフトウェアの修正と拡張を楽で安全にする設計を行うのは難しい取り組みです。

こういった設計の難しさに対処する方法が、設計を継続的に改善する活動、つまりリファクタリングです。モデルにしても設計にしても、最初から良いものができるわけではありません。理解するための分析モデルと、作るための設計モデルが自然に一致するわけでもありません。その前提のもとに、ドメイン駆動設計では、業務の知識を持つ人（ドメインエキスパート）とソフトウェア構築の知識を持つ人が、お互いの知識を持ち寄ってモデルと設計の改善を繰り返していきます。

ドメイン駆動設計のリファクタリングは双方向です。モデルの改善がコードの変更につながり、コードのリファクタリング（設計改善）がモデルの進化につながります。業務知識を学びながら、モデルと設計の双方向のリファクタリングを繰り返すことで、分析モデルと設計モデルを一致させます。

あらゆる場所をリファクタリングする必要はありません。複雑な業務ロジックに焦点を合わせて、そこのモデルと設計のリファクタリングに集中するのがドメイン駆動設計です。

ドメイン駆動設計の設計手法を理解する

ドメイン駆動設計は、さまざまな設計手法の集合です。ほとんどの手法は、個別に見れば、ドメイン駆動設計に固有ではありません。かといって古くからある設計手法や一般的な設計手法をただ寄せ集めただけでもありません。すべての設計手法は、**複雑な業務ロジックに焦点を合わせる**ことを目的としています。また、その目的を達成するために、**設計手法どうしを組み合わせて活用する**ことが求められます。ドメイン駆動設計の設計手法を理解し、効果的に活用するためには、この2点を押さえておくことが重要です。まずは、ドメイン駆動設計の設計手法の分類について説明します。

▼図2　戦略的設計のおもな手法

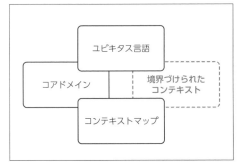

▼図3　戦術的設計のおもな手法

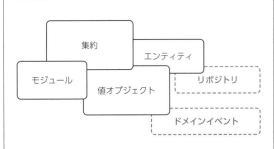

 戦略的設計と戦術的設計

　ドメイン駆動設計の設計手法は**戦略的設計**と**戦術的設計**の2つに分類できます。この分類方法は、ヴォーン・ヴァーノン氏の著書『実践ドメイン駆動設計』[注2]で紹介されました。戦略的設計も戦術的設計も、目的は複雑な業務ロジックをうまく扱うことです。また、さまざまな手法は相互に関係します。戦略的設計と戦術的設計はお互いに補完しあう関係です。戦略的設計をするには戦術的設計をしっかり実行することが必要ですし、同じように、戦術的設計を進めるためには戦略的設計と組み合わせることが必要です。戦略的設計に分類される手法どうし、戦術的に分類される手法どうしも、相互に関係します。

戦略的設計

　戦略的設計は、視野を広げてモデルを作ることを重視した設計手法です。戦術的設計で重点的に取り組むべき場所を把握し、全体を構成する要素をどう連係させるかを検討するための一連の手法です。

　戦略的設計に分類される代表的な手法として、ユビキタス言語、境界づけられたコンテキスト、コンテキストマップ、コアドメインがあります（図2）。

戦術的設計

　戦術的設計は、複雑な業務ロジックをソフトウェアで表現するための設計手法です。ソースコードという具体的な表現手段を駆使する、どちらかといえば、技術寄りの手法です。

　代表的な手法として、エンティティ、値オブジェクト、集約、モジュールがあります。補助的な手法としてはドメインイベント、リポジトリがあります（図3）。

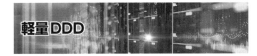

軽量DDD

　戦略的設計と戦術的設計という分け方に関連して、軽量DDD（DDD-LITE）という言葉に触れておきます。軽量DDDはヴァーノン氏がその著書の中で紹介した、次のような設計のやり方です。

・技術的な視点だけで戦術的設計を取り入れる
・戦略的設計のごく一部をつまみ食いする
・戦略的設計に取り組まない

　軽量DDDと戦術的設計は同一視されることがあります。戦術的設計は軽量DDDであり、ドメイン駆動設計の本質ではない、というようなとらえ方です。

　しかし、ヴァーノン氏は戦術的設計の別名として軽量DDDを紹介したわけではありません。ヴァーノン氏は、戦術的設計はドメイン駆動設計の基礎であり重要な設計活動としています。エヴァンス氏も同じです。戦略的な設計に取り

注2）『実践ドメイン駆動設計』（Vaughn Vernon 著、髙木 正弘 訳、翔泳社、2015年）

組むための安定した土台として、モデル駆動設計の構成要素、つまり戦術的設計が重要であるとしています。

この2人のとらえ方を尊重すれば、戦略的設計にとって基礎となり土台となる戦術的設計と、戦略的設計に取り組まない軽量DDDは同じものではありません。軽量DDDは、戦術的設計の的はずれな使い方、あるいは不十分な使い方を指します。とくに次のような使い方です。

・複雑な業務ロジックに焦点を合わせていない
・設計手法を相互に関連付けていない

軽量DDDと本来の戦術的設計は同じではありません。戦術的設計は、複雑な業務ロジックに焦点を合わせた設計活動の基本です。複雑な業務ロジックを正しく理解し、発展性に富んだソフトウェアとして実装するためには、さまざまな戦術的設計を活用することが必要です。そして戦略的設計と戦術的設計を組み合わせることで、より大きな効果が生まれます。

設計手法の説明に入る前に、軽量DDDについてもう少し検討してみましょう。軽量DDDがどういうものかを理解できれば、ドメイン駆動設計の本来の考え方とやり方がより明確になります。

軽量DDDになってしまう理由

戦術的設計はソースコードレベルの設計です。ドメイン駆動設計に初めて触れた段階では、学習中に目にしたコード例などにある、なんとなく理解できそうなエンティティや値オブジェクトが、ドメイン駆動設計のイメージになりがちです。そして、ほとんどのコード例は説明用に単純化されているため、ドメイン駆動設計が複雑な業務ロジックに焦点を合わせる設計方法であることは、まったく理解できていません。軽量DDDとは、このような単純化されたコード例をドメイン駆動設計の具体例と誤解してしまった状態を表す言葉とも言えます。

一方、戦略的設計は概念的な説明が中心にな

ります。ソースコードレベルの設計にどう関係するかの具体的なイメージがつかみにくいため、初めてドメイン駆動設計に取り組んだ段階では、戦略的設計を理解して実際にやってみることは難しいでしょう。

ドメイン駆動設計のさまざまな設計手法が相互に関連しているということが、あまり説明されていないことも大きな問題です。設計手法の組み合わせ方を知らないまま、個々の設計手法を部分的に取り入れるだけでは、ドメイン駆動設計に取り組む効果は、あったとしても、ごく小さなものにとどまるでしょう。

本来のドメイン駆動設計に取り組む

初めてドメイン駆動設計に取り組むときには、軽量DDDになりがちです。多かれ少なかれ最初はそうなります。軽量DDDの段階を早く抜け出すためには、複雑な業務ロジックに焦点を合わせることと、設計手法を組み合わせることの2点を意識してドメイン駆動設計に取り組むのが良いでしょう。

そのためには、さまざまな設計手法を個別に理解しようとするのではなく、それぞれの位置付けと関係性をとらえてみることが役に立つでしょう。そのための視点として、たとえば、ほかの設計手法を支える**基礎となる設計手法**、さまざまな設計手法を関連付けるときに**中核となる設計手法**、設計を全体的に整理するための**全体を関連付ける設計手法**、などがあります。この基礎、中核、全体という3つの視点から、主要な設計手法の位置付けと関係性を検討してみましょう。

基礎となる設計手法

ドメイン駆動設計の基礎となる手法は、戦略的設計では**ユビキタス言語**、戦術的設計では**値オブジェクト**です。これらはほかの設計手法の支えるものであり、ドメイン駆動設計に取り組

Column

境界づけられた
コンテキスト

ユビキタス言語を効果的に活用するためには、戦略的設計の境界づけられたコンテキストと組み合わせることが必要です。

ユビキタス言語を構成する用語は、厳密な定義と1つの意味を持つことが必要です。同じ言葉が複数の意味を持ったり、同じ意味に対して複数の用語を使ったりしてはいけません。

言葉の意味は、その言葉がどういう文脈（コンテキスト）で使われているかによって決まります。

言葉の意味が一意に決まる範囲を明確にするための設計手法が境界づけられたコンテキストです。1つの言葉に2つの意味があるならば、コンテキストを分けて、2つのユビキタス言語を作ります。つまり、モデルが2つに分かれます。

むための土台となります。

 ユビキタス言語

分析モデルと設計モデルを一致させる基礎となる手法がユビキタス言語です。ユビキタス言語とは、ドメインエキスパートとソフトウェア開発技術者が、同じ言葉を使って共同でモデルを作り成長させる活動を続けるための手法です。ドメイン駆動設計のさまざまな手法の中では最も重要な取り組みです。

業務ロジックを正しく設計するためには、まず業務ルールを正しく理解することが必要です。そのための貴重な情報源がドメインエキスパートです。ドメインエキスパートと共同でモデルを作り設計に活かすための基本手段が、ユビキタス言語（同じ言葉）を使うことです。

あらゆる業務用語をユビキタス言語の対象にすることは効率的ではありませんし、その必要もありません。ユビキタス言語の対象は、複雑な業務ロジックを的確に表現するための語彙が中心になります。

そして、ドメイン駆動設計の本来の目的であ

る、複雑な業務ロジックに焦点を合わせてユビキタス言語に取り組むための基礎となる手法が値オブジェクトです。

 値オブジェクト

業務ロジックは、業務ルールに基づく計算判断です。業務ルールに基づいた計算では、金額、数量、日付、状態など業務活動の状況を測定し表現した値の種類を対象として扱います。また、計算判断の結果も、金額、数量、区分などの値になります。

複雑な業務ロジックとは、こういったさまざまな値を使った計算判断の組み合わせです。ですから、複雑な業務ロジックを適切に表現できるユビキタス言語を生み出すには、さまざまな値の種類の名前と、どんな計算判断をするかの名前を発見し整理することが必要です。値オブジェクトの特定と設計は、そのための基本手段です。

たとえば、単純な業務ルールの例として「金額＝単価×数量」のような計算式があります。この計算式を表現するためのユビキタス言語の基本語彙は、金額、単価、数量の3つです。計算ロジックは乗算です。この3つの値と計算ロジックを、値オブジェクトとしてソースコード

▼リスト1　ユビキタス言語とソースコードを対応付けた値オブジェクトの例（Java）

```java
// 手数料の料率設定
enum ChargeRates {
    low(10_000, 5),
    medium(50_000, 3),
    high(Amount.MAX, 2);

    Amount ceiling; // 上限
    Rate rate;  // 料率

    ChargeRate(Amount ceiling, Rate rate) {
        this.ceiling = ceiling;
        this.rate = rate;
    }

    Amount charge(Amount target) {
        // 対象金額の区分を判定して、
        // 対応する料率を掛けた金額を返す
    }
}
```

Column エンティティとドメインイベント

値オブジェクトの候補は、ドメインエキスパートが業務ルールを説明するときに使う言葉の中から発見できます。それとは別の角度から値オブジェクトを見つける戦術的な設計手法として、エンティティとドメインイベントがあります。

エンティティ(Entity)は事業活動で何を管理しているかを特定するための手法です。たとえば、顧客、商品、注文、担当者はエンティティにあたります。

エンティティを見つける手がかりは、管理番号です。顧客番号、商品番号、注文番号、担当者番号など、個体に番号を付けて管理しているものがエンティティの候補です。

エンティティが見つかれば、その属性として値オブジェクトのいろいろな候補が発見できます。その値が、業務ルールにどのように使われるのか、あるいは使われないのかを分析することで、値オブジェクトと業務ルールの発見につながります。

ドメインイベントとは、一連の業務活動で発生した出来事を特定し表現する戦術的な設計手法です。出来事の発生は偶然ではありません。業務ルールによって制御された行動の結果です。つまり、ドメインイベントの背景にはなんらかの業務ルールが存在します。その時に、どのような値を使ってどのような計算判断が行われていたかを調べることが値オブジェクトの発見につながります。

で表現します。関連するデータとロジックをクラスにカプセル化し、クラス名で値の種類を、メソッド名で計算の種類を表現します。このような値オブジェクト のクラス名とメソッド名は、ユビキタス言語の基本語彙の有力な候補になります。

「金額の違いによって手数料を変える」なども、よくある業務ルールです。この階段式の業務ルールは、たとえばリスト1のように表現できます。これがユビキタス言語とソースコードを対応付けた値オブジェクトの具体例です。

このように、業務ルールを記述するための語彙がユビキタス言語であり、業務ルールを記述するための基本語彙をソフトウェアで表現する設計手法が値オブジェクトです。

値オブジェクトを発見し実装してみることで、ユビキタス言語の語彙が充実し、複雑な業務ロジックを的確に表現できるようになります。これが分析モデルと設計モデルを一致させる土台となります。

中核となる設計手法

値オブジェクトを中心にしたユビキタス言語、

という土台がしっかりすることで、本来の目的である複雑な業務ロジックに焦点を合わせたモデリングと設計に取り組めます。

設計の焦点を明確にし、そこに集中的に取り組むための手法が、戦略的設計では**コアドメイン**、戦術的設計では**集約**です。

コアドメイン

コアドメインとは、競合他社と差別化し、競争優位を生み出す業務領域です。そして複雑な業務ロジックは、コアドメインの業務活動と業務ルールを反映したものになります。

競争優位を生み出すコアドメインの業務ロジックは複雑になります。そして頻繁に変更されます。このコアドメインと複雑な業務ロジックこそドメイン駆動設計を取り入れて取り組むべき中心的な課題です。逆にコアドメインでない部分は、可能な限り必要最小限の設計と実装で済ませるべきです。

コアドメインを特定するには相当な業務知識が必要です。どういう業務ルールに基づいて業務を行っているかといった知識だけでは不十分です。その業務ルールがなぜ必要か、そしてその業務ルールによってどのように競争優位が生

み出されるか、その分析が必要です。

コアドメインを特定し言語化することは、ドメインエキスパートにとっても簡単ではありません。担当している業務であっても、その内容と意味を言語化し、体系的にモデル化できる人はほとんどいないでしょう。体系的なモデルを生み出すためには、ソフトウェア技術者も協力して取り組むことが必要です。

コアドメインは最初からまとまった形で特定できるとは限りません。システムの要求仕様やソースコードのあちこちにコアドメインと関連する業務データや業務ロジックが断片的に表現されているだけのことのほうが多いでしょう。コアドメインを特定し、複雑な業務ルールの言語化と構造化の役に立つ戦術的設計が集約です。

集約

集約は複雑な業務ロジックを表現する手段です。業務データと業務ロジックをカプセル化した複数の値オブジェクトを組み合わせて、複雑な業務ロジックの構造を表現するクラスが集約です。

集約の設計は、複雑な業務ロジックをソースコードで表現する取り組みです。プログラミング言語を使って複雑な業務ロジックの言語化と構造化に取り組むことで、コアドメインを特定しやすくなります。

複雑な業務ロジックは、ソースコードでは、集約のクラス名とメソッド名として現れます。そして、その名前がユビキタス言語の重要な語彙となります。

単純な集約の例を**リスト2**に示します。この例はECサイトの送料計算を想定しています。ECサイトにおける送料計算は、差別化や競争優位につながる複雑な業務ロジック、つまりコアドメインの候補です。このロジックを集約にすることで、複雑な業務ロジックの存在をソースコードとして明示できます。

実装の観点では、この例の集約は商品のサイ

ズ、重量、温度管理区分、届け先住所などの値オブジェクトをフィールドに持ち、それらを使って送料を計算するメソッドを記述するクラスです。送料を決定するためには、サイズ区分、重量区分、地域区分による送料テーブルを持つことが必要かもしれません。値や区分に直接関係する計算判断ロジックは、適切な値オブジェクトや区分オブジェクトにカプセル化します。集約はそれらを組み合わせたマクロな計算判断ロジックを表現します。

複雑な業務ロジックを表現する集約を最初からきれいに設計できるわけではありません。送料計算に関する知識を習得しながら、設計の改善活動つまりリファクタリングを繰り返すことで良いモデルと設計を探求します。それに合わせてユビキタス言語も進化します。

リスト2の送料計算の例はかなり単純です。競争優位を生み出せるようなものではありません。現実の事業活動では、送料計算はもっと複雑です。売上を伸ばすために、一定金額以上の購入では、送料を割り引いたり、無料にしたりすることがあります。年会費を払っている会員顧客や、一定以上の購入実績がある顧客を対象にした特別な送料設定ルールがあるかもしれません。販売促進のために、期間限定で送料無料キャンペーンを行うかもしれません。

送料を無料にする売上増と、送料を自社負担する費用増のトレードオフの中で、利益を最大化するための料金設定の最適化が競争優位を生み出します。

そのためには、送料設定ルールを常に見直す

▼**リスト2　単純な集約の例**

```
//送料の計算
class ShippingCharge {
    // 送料計算に必要な値
    Product product;
    ShipTo shipTo;

    Amount total() {
    // 値オブジェクトを組み合わせた送料の計算
    }
}
```

ことになるでしょう。集約とそれを構成する値オブジェクトは、コードの複雑さを整理するだけではなく、送料ルールの修正と拡張に柔軟に対応できる、しなやかな設計にする必要があります。

コアドメインを特定し、競争優位を維持し進化させるために、集約のモデルと設計のリファクタリングを継続的に行います。これが複雑な業務ロジックに焦点を合わせるドメイン駆動設計の中核の活動です。

全体を関係付ける設計手法

システム全体の設計を整えるためには、構成要素全体を俯瞰して整理し、それぞれの構成要素をどう関連付けるかの検討が必要です。このような、全体を俯瞰して関係付けるための設計手法が、戦略的設計に分類される**コンテキストマップ**と、戦術的設計に分類される**モジュール**（名前空間）です。

コンテキストマップ

ユビキタス言語のところで説明したように、**境界づけられたコンテキスト**は、モデルの分割単位であり、独立した開発単位です。ほとんどのソフトウェア開発では、複数のコンテキスト

▼図4　コンテキストマップの例

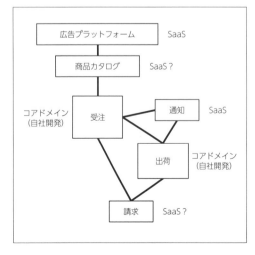

を連係させることが必要です。ほかの境界づけられたコンテキストとしては、社内の既存システムもあるでしょうし、外部のクラウドサービス（SaaS）ということもあるでしょう。

コンテキストマップはコンテキスト間のつなぎ方を可視化し、コアドメインと複雑な業務ロジックの視点から、コンテキスト間の関係を検討するための手段です。

図4は、集約の項で説明した送料設定の例をもとに作成したコンテキストマップです。前述したとおり、この例では送料設定の最適化は競争優位を生み出すコアドメインとなります。この例だと、送料最適化のロジックは受注コンテキストで実装することになるでしょう。そこは、迅速かつ的確に変化に対応するために、自社で開発すべき領域です。また、同一届け先への複数の注文をまとめて、配送コストを削減することも競争優位につながりそうです。こちらは出荷コンテキストで実装することになるでしょう。

異なるモデルを連係させる

境界づけられたコンテキストは、それぞれ独自のモデルを持っています。そしてモデルが異なるのであれば、コンテキストどうしを連係する時に、なんらかの方法でモデルの違いを解決する必要があります。モデルをどのようにつなぐかの判断で重要になるのが、コアドメインかどうかの見極めです。

コンテキストのつなぎ方、つまりモデルのつなぎ方の選択肢は基本的には次の3つです。

①モデルの中で、連係に関わる部分を共有する
②自分のモデルを連係相手のモデルに合わせる
③相手のモデルを自分の都合に合わせて変換する

①の選択肢を採用するのは難しいことが多いでしょう。境界づけられたコンテキストはそれぞれの独自モデルの境界です。その境界をまたがって共有できるとしたら、そもそも境界づけられたコンテキストの区切り方に問題がある可

能性があります。

相手のモデルをそのまま使うことにとくに問題がなければ、②は比較的簡単です。ただし、潜在的に自分のモデルを歪めることになるため、安易に連係相手のモデルに合わせることは注意が必要です。実際には、③のモデルの変換が必要になることは多いでしょう。とくに既存システムとの連係やパッケージ製品、外部のクラウドサービスと連係する場合、相手のモデルに合わせるしかありません。とはいえ、モデルを変換する機能の開発と保守にはコストがかかります。変換の対象範囲をできるだけ限定し、単純な作りにすることでコストを抑えることが必要です。

どのつなぎ方を選択するかの重要な判断材料が、戦略的設計のコアドメインと、戦術的設計の値オブジェクトです。

モデルのつなぎ方を考える際、そのコンテキストがコアドメインかそうでないかを特定できれば、どちらのモデルに合わせるべきかが明確になります。また、コアドメインのモデルは、最も重要です。ほかのコンテキストの都合で歪めるべきではありません。連携相手のモデルと変換する機能を追加する③は、コアドメインのモデルを守るための有力な選択肢です。

連係相手のモデルとの変換の必要性は、双方の値オブジェクトを比較することで判断できます。モデル連係の実体は値オブジェクトのデータ表現です。たとえば、値オブジェクトをJSON形式に変換したテキストデータを使って連係します。このときに、双方の値オブジェクトの名前とロジックを比較することで、モデルの変換処理が必要かどうか判断できます。

値オブジェクトの名前（データ項目名）が同じでもロジックが大きく異なる場合は、注意が必要です。有効な値の範囲などに大きな相違があるかもしれません。

 モジュール

全体を俯瞰して整理するための戦術的な設計

手法がモジュールです。モジュールは、プログラミング言語によっては、パッケージや名前空間と呼ばれる、ソースコードの整理の単位です。多くの場合、ファイルを整理するフォルダー構造として実装します。

モジュール名は、ユビキタス言語に含むべき重要な語彙です。モジュール名は業務上の重要な関心事を表現する手段です。

たとえば、shipping_chargeやpricingが競争優位の源泉であれば、それをトップレベルのモジュール名にします。そしてその配下に、複雑な業務ロジックを表現する集約と値オブジェクトを集めます。クラスの数が多ければ、サブモジュールにまとめて整理します。このサブモジュールの名前も、重要なユビキタス言語です。

競争優位の源泉、つまり複雑な業務ロジックに焦点を合わせたモジュール構造は、最初からはうまくは設計できません。コアドメインを特定し、中核となる複雑な業務ロジックを集約や値オブジェクトを使って言語化と体系化をしながら、モジュール構造の改善を続けます。その結果、競争優位を生み出す業務ルールの変更に迅速かつ安全に対応ができる発展性に富んだ設計に近付けることができます。

モジュール構造、とくにトップレベルのモジュール名は、ドメインモデルの要点を説明する基本語彙です。ドメインモデルを説明する短文を、トップレベルのモジュール名を使って作れれば、それは複雑な業務ロジックに焦点を合わせた良いモジュール構造になっていると言えるでしょう。

ちなみに、モデルとモジュールの語源は同じです。モデリングとモジュール構造の設計は、設計の役に立つ要約をする、という同じ目的を持った本質的には同じ活動ととらえられます。

 オブジェクトの永続化と再構築

アプリケーションで業務ルールに基づく計算判断を実行するためには、関連するデータとロジックをカプセル化した集約オブジェクトを生

成することが必要です。

多くの場合、集約オブジェクトを生成するには、データベースからさまざまな業務データを取得する必要があります。データベースを参照して集約オブジェクトを生成するしくみの詳細は、業務ロジックとは無関係です。業務ロジックを表現するクラスを設計するときに、データベースの構造と関係させると、クラス設計に不必要な複雑さを持ち込んでしまいます。これを避けるための工夫が戦術的設計のリポジトリです。

リポジトリは、オブジェクトを保管するしくみを抽象的に表現したものです。抽象的に表現したという意味は、Javaであれば、次のコードのように、何をしたいかだけをインターフェースとして宣言します。

```
interface ShippingContextRepository {
ShippingContext findBy(OrderNumber order);
}
```

データベース操作の詳細は、このインターフェース宣言を実装するクラスに記述します（リスト3）。

リポジトリを使う側からみれば、データベース操作やオブジェクト生成の詳細を知る必要はありません。リポジトリは業務ロジックを表現しません。集約など業務ロジックを表現するためのオブジェクトの設計と、データベース操作などの技術的な関心事を分離するための工夫です。リポジトリの設計スタイルには次の2つの選択肢があります。

・集約の最新状態の永続化と再構築
・コマンド（記録）とクエリ（参照）の分離

エヴァンス氏が『ドメイン駆動設計』を書いた時点では基本的にはリポジトリの設計スタイルは前者でした。最近では、記録と参照を分離する後者のスタイルを採用することも増えてきました。後者については2-4節の内容と関係します。そちらも参照してください。

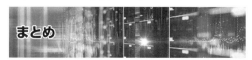

まとめ

ドメイン駆動設計は業務を知る人とソフトウェア構築を知る人の共同活動です。それぞれが持つ知識と技能をうまく組み合わせるための手法がドメイン駆動設計の戦略的設計と戦術的設計です。

ドメイン駆動設計の中心的な関心事は複雑な業務ロジックです。複雑な業務ロジックは、競争優位の源泉です。そして、事業を維持発展させていくために継続的な修正と拡張が必要です。このリファクタリング活動もドメイン駆動設計の重要な要素です。

ドメイン駆動設計に初めて取り組むときは、一部の手法だけを取り入れた軽量DDDから始めることになるでしょう。その状態から、複雑な業務ロジックに焦点を合わせ、設計手法を組み合わせて活用することで、軽量DDDではない、本来のドメイン駆動設計に取り組み、事業価値を効果的に生み出せるようになるでしょう。**SD**

▼リスト3　リポジトリを利用して実装したクラスの例

```
class ShippingChargeDatasource implements ShippingChargeRepository {
    @Override
    ShippingCharge findBy(OrderNumber order) {
        // OrderNumberでデータベースを検索して送料計算に必要なデータを取得し、
        // ShippingCharge（送料計算集約）オブジェクトを生成する

        return shippingCharge;
    }
}
```

どうやって実現する？
ドメイン駆動設計実践ガイド
理論の先にある応用力を身につけよう

2-2
ユビキタス言語
定義と効果を理解してチームで実践してみよう

本節では、ユビキタス言語について解説していきます。まずユビキタス言語の概念的な話から始めます。その後、具体的な事例を用いて、ユビキタス言語の策定方法とチームへの導入方法についても詳しく述べます。

Author 大西 政徳（おおにし まさのり）
URL https://zenn.dev/monarisa_masa   **X(Twitter)** @monarisa_masa

はじめに

本節ではドメイン駆動設計の中でも「ユビキタス言語」に焦点を当てて話していきたいと思います。

読者のみなさんの中には「ドメイン駆動設計」と聞くと、もしかすると、エンティティやバリューオブジェクト、リポジトリといった設計的なテクニックをまず思い浮かべて、とっつきにくいと感じる方もいるかもしれません。かつて筆者もそう考えていました。

しかし、筆者はいくつかの実践[注1]を通じて、設計的なテクニックに手を出さずとも、本記事で紹介する「ユビキタス言語」を導入するだけで、開発現場で十分な効果が得られることを実感してきました。

ドメイン駆動設計の肝は「開発者が、自分の知らない領域の課題を解決する際に、その領域に詳しい人（ドメインエキスパート）の知見を借りながら、最短距離[注2]で解決策をソフトウェアにしていく方法を考えること」にあると筆者

は考えています。

さらに言うと、ドメイン駆動設計を導入する際、筆者としては、ドメイン駆動設計における手段の正しさを追求することよりも、この肝で述べた目的をどれだけ実現できるかのほうがはるかに重要だと考えています。

この前提に立つと、ユビキタス言語は、まさに文中の「ドメインエキスパートの知見を借り」やすくするのための非常に強力なツールと言え、ユビキタス言語を使いこなせば、目的の達成におおいに近づくことができるでしょう。

ユビキタス言語とは？

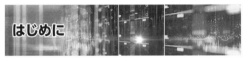 ### ユビキタス言語の定義

そもそも「ユビキタス」とはどういう意味なのでしょうか。NTT東日本が運営するWebサイト「Biz Drive」の用語辞典では、次のように記述されています[注3]。

ユビキタス（Ubiquitous）はラテン語で、いたるところに存在する（遍在する）という意味。転じてITの分野では、コンピューターやネットワークが、使いたいときに場所を選ばずに利用できる状態などを表す用語である。

注1) たとえば「0→1のフェーズからの導入」や「エンジニア30人程度の中規模フェーズでの導入」などです。
注2) ここでの最短距離とは、「ミスなく一発で完璧な解決策を作り上げる」のではなく、「検証サイクルを最速で回すことで、結果的に早く正しい解決策にたどり着く」ことを指しています。

注3) https://business.ntt-east.co.jp/bizdrive/word/ubiquitous.html

つまり「ユビキタス言語」とは、プロジェクトにおけるチームメンバーの共通言語を意味します。チームで行う作業のいたるところで（ユビキタスに）利用されるものということです。

ユビキタス言語は、たとえば次の場面で利用されています[注4]。

・システムにおける成果物（コード）を記述する
・タスクや機能を記述する
・開発者とドメインエキスパートが互いに意思疎通をする
・ドメインエキスパート同士が、要件や開発計画、あるいは機能を伝え合う

また、筆者としては、ユビキタス言語の本質を「プロジェクトにおいて、そのチームが解決しようとしている課題に対する現時点での解像

注4）参考：『エリック・エヴァンスのドメイン駆動設計』（エリック・エヴァンス 著、今関 剛 監訳、和田 右圭、牧野 祐子 訳、翔泳社、2013年）P.25

Column ## なぜエンジニアがドメインエキスパートの知見を借りるべきなのか？

ユビキタス言語は、「ドメインエキスパートの知見を借り」やすくするのための非常に強力なツールだと説明しました。ただ、そもそもなぜエンジニアがドメインエキスパートの知見を借りる必要があるのでしょうか？

ドメインエキスパートの知見なんて借りなくてもソフトウェアは問題なく作成できる、といった意見もあるでしょう。しかし、筆者はエンジニアがドメインエキスパートと協力することで、次のメリットがあると考えています。

・ソフトウェアの拡張性を正しい方向で意識できる
・手を抜くべき場所や重要な箇所が明確になる
・ドメインエキスパートの案よりも良い解決手段を提示できる

ソフトウェアの拡張性を正しい方向で意識できる

ソフトウェア開発を進める際、その設計や実装に、ドメインエキスパートの知見を反映させておくと、今後の改修が非常に楽になります。逆に、ドメインエキスパートの知見を無視してソフトウェアを作っていれば、いずれドメインエキスパートの考えるメンタルモデルとの乖離（かいり）は大きくなり、改修困難な状況に陥るでしょう。ドメインエキスパートの知見をベースに、関連する概念について、パッケージやモジュール、クラス単位でコードを整理することで、拡張性の高い実装ができるようになるのです。

手を抜くべき場所や重要な箇所が明確になる

ユビキタス言語はそのチームが何を意識して、何を意識しないかを決める思考の枠組みと説明しました。ドメイン理解が進んでいくとユーザーが本当に必要なもの、ドメインエキスパートが重要視するものが見えてきて、逆にそこまで重要でないものも見えてきます。

エンジニア目線からすれば、すべての機能について、自身が納得いく、きめ細やかな設計・実装をしたいと考えるのも理解できます。

ただ最短距離でユーザーの課題を解決するには、時にドメインエキスパート目線で重要なものを優先し、そうでないものは切り捨てる判断も必要になってくるのです。

ドメインエキスパートの案よりも良い手段を提示できる

ユビキタス言語とは、プロジェクトにおいて、そのチームが解決しようとしている課題に対する現時点での解像度を示したものと説明しました。「現時点」というところがポイントで、たとえドメインエキスパートとともに一生懸命考えたメンタルモデルであっても、けっして完全無欠ではありません。ドメインエキスパートの知見は現時点で見えている最適解にすぎないのです。

むしろ技術的な進歩により、ドメインエキスパートの持っていた知見が陳腐化することもあるでしょう。その際、エンジニアが深くドメインを理解していれば、より良い解決手段を提示することもできるのです。

度を示したもの。すなわち、そのチームが何を意識して、何を意識しないかを決める思考の枠組み」であるととらえています。

 ## ユビキタス言語の効果

ユビキタス言語を導入すると、社内の言葉が統一され、コミュニケーションが円滑になります。ただ、ユビキタス言語の効果はそれだけではありません。

①チーム間のコミュニケーションのズレの解消

プロジェクト内で利用する用語の統一を図ることで、ある物事に対する呼び名のズレから生じる混乱を避け、開発時の手戻りを防ぐことができます。たとえば、HR業界において、候補者、応募者、志願者などの似た用語を一本化することで、チーム内の誤解を減らすことができます。

②複雑な概念の関係性の整理

複雑な業界知識を整理するため、概念に名前を付けて関係性や類似性、差異を理解しやすくします。たとえば、HR業界において、採用関連の打ち合わせといっても、「面接」「面談」のようにそれぞれに名前を付けることで、似たような概念でも整理して理解できます。

③ドメイン（業界知識）理解の入り口

ユビキタス言語を決めていく過程で、ドメインエキスパートと議論を重ねることで、チームメンバーはドメイン理解を深めることができます。そしてそれは、現時点における、プロダクトがユーザーに提供したい最も理想的なワークフローを理解することにつながります。

後述しますが、この点がとくに重要だと筆者は考えています。たとえば、HR業界において「面接」は採用の合否判定を行うものであるため、「結果」という言葉と関連付けられます。対して「面談」は単なる情報交換ですので、「結

果」という言葉とは関連付ける必要はありません。このように、言葉からあるべきワークフローを推察できます。つまり、エンジニアにとってドメインを理解する第一歩となるのです。

ユビキタス言語の導入を実践

では、ここからは事例をもとに実際にユビキタス言語を作ってみましょう。ここからは、「あるプロジェクトがあったとして、そこにユビキタス言語を導入する」というケースを仮想的に考えながら、徐々にユビキタス言語をチームに浸透させていく過程を解説していきます。複雑なものを理解しやすくするのにユビキタス言語が有用であることを示すため、少し複雑な例を考えていきましょう。

想定ケース

あなたは、あるプロジェクトの開発責任者です。あなたのチームは、そのプロジェクトの開発を担当しています。開発しているのは、海外特許の翻訳の校閲システムです。

このたび、システムの要件追加で、「翻訳文の提案を翻訳文として採用する機能」を実装することになりました。扱う業務フローは次のとおりです（図1）。

> 1. 校閲者は海外特許の原文と翻訳文を見比べます。
> 2. 校閲者は原文1文ごとに対応する翻訳文が適切かどうかを判断し、不適切な場合は修正コメントを残します。
> 3. 校閲者は原文の中に翻訳されていない文章があった場合には、翻訳が抜けていることの明示および、翻訳文の提案を残します。

前置き

今回の要件追加からユビキタス言語を導入すると仮定してみましょう。「翻訳文の提案を翻訳文として採用する機能」の開発を進めるにあたっては、「翻訳文の提案」こそがプロジェクト固有の用語であり、本機能の主役になります。

どうやって実現する？／
ドメイン駆動設計実践ガイド
理論の先にある応用力を身につけよう

しかし「翻訳文の提案」という言葉は、図や前提がない状態で、どんな人が聞いても誤解なく伝わる言葉とは言えないでしょう。ここでは、ユビキタス言語を作ることによって、「翻訳文の提案」をいつでもどこでも迷わず使える言葉に変えていきます。

ユビキタス言語を作ってみよう！

まずは業務フローと要件を深く理解する

ユビキタス言語を作るためには、チームが解決しようとしている課題や、ビジネスモデルを知り、その理解を前提に言語化するということが必要になってきます。ですので、まずは想定ケースの業務フローをもう少し噛み砕いて理解していきましょう。

図1のとおり、校閲者は特許の原文と翻訳文を並べて確認し、

・不適切な翻訳に関しては修正コメントを書く
・翻訳の欠落に関しては翻訳文の提案を書く

という2つの業務を行います。そこで今回の要件の背景として、「翻訳文の提案を採用する機能」を作ることで、翻訳文の提案をもとに、翻訳文の文章として採用し、翻訳文の完成版を作れるようにすることを目的としているわけです。

では、「翻訳文の提案」のユビキタス言語を考えてみましょう。

ドメイン知識なしで思いつく単語を挙げてみる

さっそくですが、翻訳文の提案ですので、「翻訳提案」でどうでしょう？ しかし「翻訳提案」という言葉だと、不適切な翻訳内の修正コメント（図1）も同じく翻訳の提案と呼べそうなため、混同しそうですね。

では、修正コメントには修正方法が書かれているのに対して、翻訳文の提案には翻訳文章が書かれているので、そこを区別するために、「翻訳文提案」とするのはどうでしょう？ ただ、校閲画面右半分の日本語訳全体を翻訳文と記載している（図1）ので、翻訳文全体もまた、原文に対する翻訳文提案ととらえることもできそうですので、やはり混同しそうです。

もし、こんなあやふやな状態で「翻訳文の提案」について詳細な仕様説明を求められた際、誰にも誤解されないようその言葉を指すには、「翻訳文の欠落に対する翻訳文の提案」と言わなければならないでしょう。長過ぎて普段のコミュニケーションで使うのには適していません。

ドメインエキスパートと問題を分析してみる

ドメイン知識がないとあまり良い単語が思いつかないことがわかりました。でも、なぜこんなにも一言で「翻訳文の提案」を指し示すことが難しいのでしょうか？

こんなときはドメインエキスパートに聞いてみるのが一番です。彼らと話しているうちに、

▼図1　海外特許の翻訳の校閲システムの画面イメージ

原文（中国語）	翻訳文（日本語）
发明名称：智能狗项圈	発明の名称：スマートな犬首輪
摘要：本发明涉及一种智能狗项圈。该系统可监测狗的健康和行为，并根据需要对其进行控制。	概要：本システムは犬の健康や行動を監視し、必要に応じて制御します。
权利要求 1. 智能狗项圈包括一个智能中央控制器、一个传感器网络和一个具有智能功能的狗装置	特許請求の範囲： 1. スマート猫首輪は、スマートセントラルコントローラ、センサーネットワーク、およびスマート機能を備えた犬用デバイスを含みます。

【翻訳の欠落】
翻訳文の提案：
本発明は、スマートな犬の首輪に関するものです。

【不適切な翻訳】
修正コメント：
猫→犬

問題は次の2つではないかという話になりました。

・「翻訳文」：文という言葉が文全体か1文を表すのかあいまい
・「提案」：本システムには提案するための機能が2つあり、提案だとどちらかを特定できない

🧠「翻訳文」：文という言葉が文全体か1文を表すのかあいまい

日本語だと、文全体も1文も同じ「文」という言葉で表現されてしまいます。ですので、ここは英語に頼って文全体のことを「ドキュメント」と呼び、一文を「センテンス」と呼ぶのはどうでしょうか（図2）？　こうすればどちらかを混同することはなくなるでしょう。

🧠「提案」：本システムには提案するための機能が2つあり、提案だとどちらかを特定できない

図1の「翻訳文の提案」「修正コメント」はどちらも「提案」と呼べてしまうのがやっかいなところです。それを受けて、両者を区別する別々の言葉を用意するのも1つの手でしょう。

ただ、ドメインエキスパートと話していくうちに、機能全体を俯瞰（ふかん）して観察してみると、「翻訳文の提案」も「修正コメント」もどちらも大きなくくりで「指摘」の中の「コメント」と言えないかということに気づいてきました。両者

の文章は種類は違えど、指摘の中身を示していることには変わりはないため、同じ名前のほうがむしろ適していそうです。

ですので、ここではあえて区別するのではなく、両方ともを「指摘コメント」と呼ぶことにしましょう。それに伴い、図1中の「翻訳の欠落」「不適切な翻訳」の両方ともを「指摘」と呼ぶことにします。「指摘」の中には、「翻訳の欠落」なのか、「不適切な翻訳」のどちらかの類型があるととらえ、それぞれの類型に「欠落」「間違い」という名前を付けて区別してみましょう（図3）。

🍳 ユビキタス言語の決定

結果的に、「翻訳文の提案」は「欠落指摘コメント（Lack Alert Comment）」という言葉で表すことにしました。「欠落指摘コメント」と言われたとき、欠落指摘は1つしかありませんし、その中のコメントも1つしかないので、ほかの概念と境界があいまいになり迷うというような問題は解決するでしょう。

🍳 ユビキタス言語の効果

ここでユビキタス言語の効果をおさらいしておきましょう。

🧠 ①チーム間のコミュニケーションのズレの解消

前述のとおり、もし「翻訳文の提案」のユビキタス言語を作らないまま、プロジェクトを進

▼図2　「ドキュメント」と「センテンス」によって文全体と1文を分ける

	原文（中国語）	翻訳文（日本語）
センテンス (Sentence)	发明名称：智能狗项圈	発明の名称：スマートな犬首輪
	摘要：本发明涉及一种智能狗项圈。该系统可监测狗的健康和行为，并根据需要对其进行控制。	概要：本システムは犬の健康や行動を監視し、必要に応じて制御します。
	权利要求 1. 智能狗项圈包括一个智能中央控制器、一个传感器网络和一个具有智能功能的狗装置	特許請求の範囲： 1. スマート猫首輪は、スマートセントラルコントローラ、センサーネットワーク、およびスマート機能を備えた犬用デバイスを含みます。

ドキュメント (Document)

めていたら、「翻訳文の提案を翻訳文として採用する機能」について、実装者が勘違いして、翻訳文全体の提出を承認する機能にすり替わってしまう可能性も十分あったでしょう。

あらためて「翻訳文の提案を翻訳文として採用する機能」をユビキタス言語で置き換えてみると次のようになります。

> 欠落指摘コメントを翻訳センテンスとして採用する機能

こう言い換えれば、どの情報をもとに、どの情報に影響を与えるのかがとても明確になっていることがわかるでしょう。

🐟 ②複雑な概念の関係性の整理

ユビキタス言語を使うことで、「ドキュメント」「センテンス」「コメント」といった概念の関係性が整理され、誰でも理解しやすくなります。

🐟 ③ドメイン（業界知識）理解の入り口

ユビキタス言語を使って、業務フローを説明しなおしてみます。

> 【修正前】
> 1. 校閲者は海外特許の原文と翻訳文を見比べます。
> 2. 校閲者は原文1文ごとに対応する翻訳文が適切かどうかを判断し、不適切な場合は修正コメントを残します。
> 3. 校閲者は原文の中に翻訳されていない文章があった場合には、翻訳が抜けていることの明示および、翻訳文の提案を残します。

> 【ユビキタス言語で修正後】
> 1. 校閲者は海外特許のオリジナルドキュメントと翻訳ドキュメントを見比べます。
> 2. 校閲者はオリジナルドキュメント1センテンスごとに対応する翻訳センテンスが適切かどうかを判断し、間違い指摘および、間違い指摘コメントを残します。
> 3. 校閲者はオリジナルドキュメントの中に翻訳されていないセンテンスがあった場合には、欠落指摘および、欠落指摘コメントを残します。
>
> ※原文は「原ドキュメント」だとわかりづらいので「オリジナルドキュメント」としています。

ユビキタス言語に言い直したバージョンでは、たとえ図が手元になかったとしても、チーム間のコミュニケーションができそうだと思いませんか？

注目してほしいのは、「指摘」という概念の出現です。元の業務フローの文章にはその存在すらもありませんでした。まさにユビキタス言語を決めるプロセスにおいて、ドメインエキスパートと開発者双方のドメイン理解が深まった結果と言えるでしょう。

社内にユビキタス言語の良さを伝えていく

先ほどはユビキタス言語自体の良さを紹介しました。次は、ユビキタス言語をチームに広めていくにはどうすればいいか考えていきましょう。

ドメイン駆動設計について学んだこともないメンバーの前でいきなり、先述したユビキタス

▼図3　「指摘」によって2つの提案機能をくくる

原文（中国語）	翻訳文（日本語）
発明名称：智能狗项圈	発明の名称：スマートな犬首輪
摘要：本发明涉及一种智能狗项圈。该系统可监测狗的健康和行为，并根据需要对其进行控制。	概要：本システムは犬の健康や行動を監視し、必要に応じて制御します。
权利要求 1. 智能狗项圈包括一个智能中央控制器、一个传感器网络和一个具有智能功能的狗装置	特許請求の範囲： 1. スマート猫首輪は、スマートセントラルコントローラ、センサーネットワーク、およびスマート機能を備えた犬用デバイスを含みます。

指摘 (Alert)

【翻訳の欠落】
翻訳文の提案：
本発明は、スマートな犬の首輪に関するものです。

＝

【欠落指摘 (Lack Alert)】
類型：欠落 (Lack)
コメント (Comment)：
本発明は、スマートな犬の首輪に関するものです。

【不適切な翻訳】
修正コメント：
猫→犬

＝

【間違い指摘 (Wrong Alert)】
類型：間違い (Wrong)
コメント (Comment)：
猫→犬

言語の効用を紹介したとして、理解を得るのは難しいでしょう。そのため、メンバーがよりメリットを感じやすい部分に絞ってユビキタス言語の良さを伝えていくのが得策でしょう。

筆者が実際に導入するときに話したことは次の3つです。

・手戻りを最小限に抑える
・説明コストを軽減する
・命名にかける時間を代替できる

1つめ、2つめに関しては、前述のユビキタス言語の効果である「チーム間のコミュニケーションのズレの解消」を社内の説得用に言い換えたものです。

 手戻りを最小限に抑える

ユビキタス言語がない場合、コミュニケーションのズレによる手戻りが発生しやすくなります。

たとえば、想定ケースにおいて「『翻訳文の提案』について文字色を赤にしてくれ」という依頼があったとしましょう。その場合、本来は欠落指摘コメントの文字色を変更すべきなのに、「翻訳文ドキュメントの色を変更する」として実装者が勘違いすれば、当然手戻りが発生するでしょう。文字色の変更程度であれば、修正時間はたかが知れていますが、機能が大きくなれば手戻りによって増えるコストはばかになりません。そういった事象を防ぎたいことを説明するのです。

ビジネスサイドとしてもいち早くユーザーに価値を届けたいはずですので、手戻りを少なくしたいという気持ちは同じはずです。

 説明コストを軽減する

ユビキタス言語がない状態で仕様を説明したりしていると、誤解されないように伝えようとして、「○○機能の中の××の△△」といった言い回しを耳にすることがあります。たとえば、ビジネスサイドが「『翻訳文の提案』について文字色を赤にしてくれ」という依頼をしたとしましょう。その際エンジニアから「『翻訳文の提案』とはどこのことか」と質問を受けて、ビジネスサイドが、デザインを見せながら「翻訳に欠落があったときに、翻訳文の追加の提案に付する文章のことだ」と説明をするというような場面を想像してみてください。

そういった前提を毎度共有する時間がもったいないので、それを省きたいと説明するのです。ビジネスサイドとしても仕様の説明時間が減るのは願ったりかなったりなはずです。

 命名にかける時間を代替できる

これは対エンジニア向けに言えることですが、ユビキタス言語がない開発現場であってもプログラミング中に命名に時間がかかるということはよくある話だと思います。

ユビキタス言語はいつでもどこでも使う共通語ですので、もちろんコード内でも使用します。今まで命名にかけていた時間をユビキタス言語の策定に充てられるようになると説明すると良いでしょう。

また、命名時にドメインエキスパートにも協力を得ることができるので、命名のクオリティの向上も期待できます。

チームメンバーとユビキタス言語を決めてみよう

「ユビキタス言語を作ってみよう！」の節では、説明の便宜上「翻訳文の提案」のユビキタス言語についてすんなりと「欠落指摘コメント（Lack Alert Comment）」という名前に決定しましたが、実際チームメンバーと決めようとすると、もう少し議論が白熱するかと思います。そこで、チームメンバーと議論しているときに押さえておくべきポイントを確認しておきます。

ドメインエキスパートに参加してもらう

ユビキタス言語を決める場において、ドメインエキスパートのすでに持っている業務知識は

非常に役立ちます。というのも、ドメインエキスパートの知見は長い年月をかけて実務において最適化されてきたものだからです。

たとえば「欠落指摘コメント（Lack Alert Comment）」のように、一からユビキタス言語を導き出さなくても、似た言葉が専門用語としてすでに存在しているかもしれません。もしそれが良い言い回しなのであれば、はじめからそれを使ったほうが手っ取り早いです。

ユビキタス言語は口ずさんで見つける

一度決めたユビキタス言語が本当に使いやすいものなのか不安になることはたびたびあります。そんなときは、ドメインエキスパートと一緒に実際に口ずさんでみて、違和感がないか確認してみると良いでしょう。業務知識を適切に表したユビキタス言語は文章にするにはもちろん、口ずさむときにも違和感がないことがわかります。

逆に違和感があれば、表しきれていない要素や、ほかのユビキタス言語との境界があいまいになっている可能性があるので、再度見直してみるのが良いでしょう。

あとのものとかぶらないような言葉を選ぶ

一度決めたユビキタス言語は予約語のような扱いになるので、一般的な単語を使ってしまうと、後々ほかのユビキタス言語と概念がかぶってしまい困ることがあります。

たとえば、想定ケースでは、「翻訳の欠落」なのか、「不適切な翻訳」への言及をまとめて「指摘（Alert）」という言葉で表現することにしました。ただ、近い将来同じ画面でユーザーの不正な入力をして保存しようとしたときに、不正な入力を示すエラーメッセージを表示するような機能を追加することになったとします。その場合、その機能に対して同じユビキタス言語（「指摘（Alert）」）を使うことはできなくなります。

このように、別機能が出てきたとしてもかぶらないような言葉選びをすることがポイントになります。

あとから変えられるので悩み過ぎない

ユビキタス言語を決めようとすると、いくつも候補がでてきて、1つに絞る決定打となる意見が出てこず、時間を浪費することがあります。対策は後述しますが、そんなときはある程度仮決めで進めてみるのがお勧めです。というのも、ユビキタス言語はいつでもどこでも使うものですので、違和感を感じて直そうと思えるタイミングが山ほどあるのです。たとえば、仕様について会話しているときやコードを書いているときなどです。

そのため、一度決めたら最後と完璧主義的にならず、使用感を見てみて違和感があれば変えればいいんだ、とアジャイルに進めていく姿勢が良いでしょう。

決定したユビキタス言語の使用を促す

このポイントが最も重要です。それは、ユビキタス言語の策定中に「ここで決めた言語に統一します。それ以外の呼び方は禁止です」と念押しすることです。そう明言しておけば、策定中にそれぞれのメンバーにとって言いやすいものを真剣に考えることになりますし、日々使ってさえいれば、たとえ策定中にしっくりこなかった言葉であっても違和感を感じ修正の機会を得ることができます。

日本語と英語を決める

ユビキタス言語については日本語だけでなく英語も決めておきましょう。そうしておくことで、会話だけではなくコードでも利用しやすくなります。

なお、想定ケースの中にもありましたが、「ドキュメント（Document）」や「センテンス（Sentence）」という言葉のように、日本語だと表現力が乏しい場合は、英語を先に決めてカタカナを日本語にするのもよいでしょう。

また、ユビキタス言語の日本語はUI上の文言とそろえればいいか悩むことがありますが、筆者の経験上、特段の理由がなければ（UIが変われば呼び方も変わりそうなどUIに依存しているようなものを除く）UI上の文言とそろえておいたほうが無難でしょう。そうしておくことで、デザイナーやフロントエンドエンジニアとのコミュニケーションにおいて、UI上の文言とユビキタス言語で読み替えるといったことも少なくなります。

ユビキタス言語の策定を「型化」する

ユビキタス言語の策定は、やり方の自由度が高い一方で、チーム間の意思統一が求められるワークです。ある程度自由度を制限し、型を作っていくことが、策定をスムーズに進めるためのコツです。ここでは運用時に発生する課題を見ていきながら、ユビキタス言語の策定の「型化」を目指していきましょう。

ユビキタス言語を決めはじめてしばらくすると、次のような課題にぶつかります。

❶ユビキタス言語の名付けが属人的になる
❷どの範囲までユビキタス言語にすればいいかわからない
❸ユビキタス言語集が複雑化し保守困難になる

これらの課題を解決するには、それぞれ次のような考え方が有効です。

①言葉としてのきれいさではなく使用感を重視する
②頻繁に会話に出てくる言葉のみ定義する
③ユビキタス言語を視覚的にわかりやすく管理する

①言葉としてのきれいさではなく使用感を重視する

ユビキタス言語の策定は言葉を作るワークですので、どの言葉が適しているかは、個々人のワードセンスによるという問題はどうしても起きてしまいます（名付けの属人化）。ワードセンスには、純粋な日本語力・英語力だけでなく、ドメイン理解の多寡なども関わってきます。

ユビキタス言語はいくらでもこだわることができる類のものですので、一定の基準を設けることが属人化の防止につながると筆者は考えます。

重要なのは、言葉としてきれいかどうかではなく、ある程度ドメイン理解に基づいており、チーム内で誤解が生じないかです。それらの判別に役立つのがユースケース記述というツールです。ユースケース記述を使うことで、考慮にいれるべきドメイン知識や、実際の使用感を把握できるため、後述の手順に従えば、誰でもある程度の品質でユビキタス言語を策定できるでしょう。

さっそく、ユースケース記述を用いて、想定ケースで扱った「翻訳文の提案」のユビキタス言語を抽出してみましょう。

🧠 ユースケースとは

そもそもユースケースとは、「**ユーザーを主語としたときに、システムを通して、どういったアクションを起こせるか**」を表したものです。「翻訳文の提案」について取り得るユースケースは作成、編集、削除になります（**図4**）。

🧠 ユースケース記述とは

次に、ユースケース記述とはユースケースについて、ユーザー／システムを主語にして、それらの相互作用の詳細を文章にまとめたもので

▼図4　翻訳文の提案について取り得るユースケース

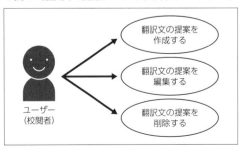

す。ユビキタス言語を抽出する際には、筆者の経験上、対象の生成のタイミングである作成のユースケースを分析するのが最も効率的ですので、作成のユースケース記述を作ってみましょう。**ユーザー／システムを主語にして、目的語・述語を明確に示すこと**がポイントです。ユースケース記述を次に示します。

> 1. ユーザーは、校閲画面を開くボタンをクリックする。
> 2. システムは、校閲対象である原文と翻訳文を取得し、それらを表示する。
> 3. ユーザーは、原文中の、翻訳の欠落箇所を範囲選択する。
> 4. システムは、翻訳の欠落を指摘するモーダルを開く。
> 5. ユーザーは、翻訳文の提案を入力して、登録ボタンをクリックする。
> 6. システムは、翻訳の欠落の指摘を保存する。

ユビキタス言語候補を見つける

ユースケース記述を眺めてみると、「翻訳文の提案」に関連する言葉がいくつかあるので、それらに下線を引いてみます。これがユビキタス言語の候補になりそうです。

> 1. ユーザーは、校閲画面を開くボタンをクリックする。
> 2. システムは、校閲対象である原文と翻訳文を取得し、それらを表示する。
> 3. ユーザーは、原文中の翻訳の欠落箇所を範囲選択する。
> 4. システムは、<u>翻訳の欠落を指摘する</u>モーダルを開く。
> 5. ユーザーは、（翻訳の欠落の指摘の中にある）<u>翻訳文の提案</u>を入力して、登録ボタンをクリックする。
> 6. システムは、<u>翻訳の欠落の指摘</u>を保存する。

「翻訳文の提案」は、「（翻訳の欠落の指摘の中にある）翻訳文の提案」と読み替えることができ、「翻訳の欠落の指摘」の一要素と読み取れます。そこで、上位概念である「翻訳の欠落の指摘」を先にユビキタス言語にしてみると、翻訳という言葉は自明ですので「欠落指摘

（Wrong Alert）」と呼ぶことにします。すると、その一要素である提案は「欠落指摘」のコメントと読み替えて「欠落指摘提案（Wrong Alert Comment）」と呼べるでしょう。

当てはめてみて、声に出してみる

決まったユビキタス言語をユースケース記述に当てはめてみて読んでみましょう。実際に声に出したりして、違和感がないか検証します。自分だけでなく、チームメンバーに対しても誤解が発生しなさそうかを確認するのがポイントです。

> 1. ユーザーは、校閲画面を開くボタンをクリックする。
> 2. システムは、校閲対象である原文と翻訳文を取得し、それらを表示する。
> 3. ユーザーは、原文中の翻訳の欠落箇所を範囲選択する。
> 4. システムは、<u>欠落指摘（Wrong Alert）</u>を作成するモーダルを開く。
> 5. ユーザーは、<u>欠落指摘コメント（Wrong Alert Comment）</u>を入力して、登録ボタンをクリックする。
> 6. システムは、<u>欠落指摘（Wrong Alert）</u>を保存する。

◆ ◆ ◆

ここでは、ユースケース記述を前提に話してきましたが、ユースケース記述に代替するドキュメント（仕様書など）が開発現場にある場合は、あえて新たにユースケース記述を導入せずとも、既存のものを使うのが良いでしょう。

②頻繁に会話に出てくる言葉のみ定義する

一度ユビキタス言語を定義すると、あらゆるものをユビキタス言語にしないといけないように思えてきて、どこまで細かく定義すれば良いのかを悩むことがあります。

結論から言うと、チーム内の会話に出てこない用語については定義しなくてよいというのが筆者の考えです。前提として、ユビキタス言語はエンジニアとドメインエキスパートが議論を交わしていくためのツールです。ですので、あ

まり議論に出てこない言葉にまでユビキタス言語を定義しても管理コストが見合わないでしょう。

ユビキタス言語にするかどうかの目安として、ユースケース記述やそれに類するドキュメントに登場する概念かを基準にするのが妥当でしょう。

③ユビキタス言語を視覚的にわかりやすく管理する

ユビキタス言語の管理方法として、スプレッドシートやExcelを用いたユビキタス言語集（**表1**）を作ることはよくあることでしょう。はじめのうちはそれでもいいのですが、数が増えていくと、複雑化していき、言葉の意味や関連性を読み取るのも困難になってきます。複雑化した言語集は、見返すのも億劫になり、たとえば、実装フェーズで、ユビキタス言語の追加や更新をする必要があっても後回しになり、最終的に保守されなくなることもあります。

それを防ぐために有効なのが、ドメインモデル図による管理です。ドメインモデル図とは、平たく言うと、ユビキタス言語にそれぞれの関連性を持たせた図のことです。

想定ケースをもとにドメインモデル図を作ってみました（**図5**）。図を見てみると、指摘（Alert）は校閲（Review）と関連を持っており、ドキュメント（Document）は関係ないことが視覚的にわかるでしょう。

また、こうした図はエンジニア同士の設計検討の資料としても利用できるため、設計中にモデル図を更新し、その後実装に移る、という運用にすることで、結果としてユビキタス言語の追加・更新漏れを防ぐことも可能です。

▼図5 ドメインモデル図の例

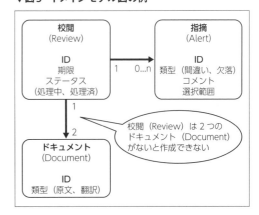

ドメインモデル図の作り方に関する詳細は筆者のブログ[注5]をご覧ください。

なお、ここではドメインモデル図を取り上げましたが、クラス図やER図での代替も十分に可能でしょう。

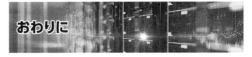

今回はドメイン駆動設計の中でもユビキタス言語の策定について話してきました。ユビキタス言語はドメインエキスパートとの協働作業には欠かせないツールであり、ドメイン駆動設計の中で最も気軽に導入できるものです。本記事を読んで、少しでも導入してみたいと感じられた方は、ぜひトライしてみるのはいかがでしょうか？　はじめからドメイン駆動設計をすべてを導入しようと気構えずに、自社の課題感に応じて小さく導入してみるのも良いでしょう。**SD**

注5）https://zenn.dev/innoscouter/articles/b1973a7032
ff8a

▼表1 ユビキタス言語集の例

ユビキタス言語（日本語）	ユビキタス言語（英語）	意味
校閲	Review	Documentを2つ選択して作成されるもの。要素として、期限とステータス（処理中、処理済み）を持つ
ドキュメント	Document	原文と翻訳文の文全体を示すもの。要素として、類型（原文、翻訳）を持つ
指摘	Alert	Reviewに対する指摘を示すもの。要素として、類型（間違い、欠落）、コメント、選択範囲を持つ

2-3
イベントストーミング

ドメインを解析してモデルを形作る

ユビキタス言語や境界づけられたコンテキストを発見するのに役立つイベントストーミングですが、具体的にどのように実施していけばよいのでしょうか。本節では、実例をもとにワークショップの一連の流れや実施するうえでの注意点を解説します。有用性を一緒に体感してみましょう。

Author 成瀬 允宣（なるせ まさのぶ）
URL https://nrslib.com **X(Twitter)** @nrslib

イベントストーミングによるモデリング

　イベントストーミングは、ドメイン駆動設計の文脈でも利用される、共同でのドメインモデリングを目的としたワークショップです。この手法は、システム開発に縁遠いドメインエキスパートも含めたチームメンバーが参加しやすいよう工夫されています。ワークショップでは、まずドメイン内で発生するイベント（出来事）を参加者全員で洗い出し、それらのイベントがどのように連携し合うかを探求していきます。

　イベントストーミングの大きな利点の1つは、参加者間での「ユビキタス言語」の形成を促進することです。ユビキタス言語とは、チーム内で共通して使用される用語や概念を指します。技術的な背景が異なるメンバー間でも効果的なコミュニケーションができるようになります。イベントストーミングを通じて、ドメインエキスパートの深い洞察や知識が明確に表現され、IT専門家と共有されることで、より豊かなドメインモデルの構築が促されます。このプロセスは複雑なビジネスロジックや業務フローを明確にするだけでなく、異なる背景をもつチームメンバーが一緒に協力し、共通の理解と目標に向かって進むことを可能にします。

イベントストーミングの概要

　イベントストーミングのプロセスは、大きく3つのフェーズに分かれます。

ビッグピクチャー

　最初に、ドメイン内で発生するさまざまなイベントを洗い出し、時系列に沿って並べていきます。このステップではドメインの全体像を明確にして、ホットスポット（後述）やイベント間の関連性に注目していきます。

ビジネスプロセスモデリング

　次に、イベント同士を具体的に関連付けていきます。イベントをつなぐコマンド、ポリシー、外部システム、そして集約が検討され、ビジネスの流れを詳細に理解できます。

ソフトウェアシステムモデリング

　最後に、ソフトウェアシステムの設計に移ります。集約の深掘りや、境界づけられたコンテキストの特定を通じて、ドメインモデルをソフトウェア設計に適用する方法を探求します。

◆　◆　◆

　これらのフェーズを通じて、イベントストーミングはドメインの理解を深め、効果的なソフトウェア設計へと導いていきます。

本節のサンプルケースと注意点

本節では、筆者がこれまでファシリテーションした実際のシナリオをもとにした「ホスティングサービスの申し込みプロセス」を通じて、イベントストーミングの適用例を示していきます。具体的には、ユーザーが申し込みを行い、サーバが提供されるまでの流れを追っていきます。このサンプルケースはシンプルでありながら、網羅的に説明できるものです。理論と実践の両面からイベントストーミングの全体感をつかんでいきましょう。

なお注意点として、本節で紹介するイベントストーミングの手法には、起源的な手法に改変を加えている箇所があります。その理由は実践していく中でいくつか適用しづらい部分があったためです。改変している点についてはその旨を都度伝えるようにしますが、もともとのイベントストーミングそのままではない箇所があることには注意してください。便宜上、「成瀬式イベントストーミング」とでもしておきます。

 実施形態とそれぞれの準備

まず取り上げるのはイベントストーミングを実施するにあたって必要な準備についてです。

オンラインでの実施

イベントストーミングはもともと対面での実施を推奨するものでしたが、筆者の経験上、オンラインミーティングでの実施でもその有用性は変わらないと感じています。この場合、参加者は4名程度に収めるのが理想的です。大人数でワークショップを開催すると、多くの参加者は見学者となります。会話の主題に加われない参加者は不満を募らせます。取り上げるユースケースを事前に決定して、少数精鋭で実施するように参加者を募るとよいでしょう。

実施形態をオンラインにしたときには同時編集可能な作業ツールが必要です。求められる要件は、付箋を配置してそれらの関連付けが簡単に行えることです。筆者はMiro[注1]というサービスを好んで利用しています。

対面での実施

一方、対面でのワークショップでは、会場のキャパシティが許す限り参加人数に制限はありません。この場合は1つの大きなドメインを対象にして、同時並行的にさまざまな議論が行われることになります。この方法は、視覚的にドメインイベントやプロセスを整理するのに非常に効果的で、ドメインの全体像をつかむのに有用です。

実施形態を対面とする場合には、付箋とそれを貼り付けるボードないし大きな壁が必要になります。ついで、丸まりづらい付箋のはがし方のレクチャーなども必要です。また大きな問題として、付箋の配置変更に労力がかかります。

対面であってもオンライン編集ツールを使いながら実施する手法もあります。この場合はモニターを用意したり、タブレットなどを多数配置したりして、複数人が共通の図に目を向けながら実施できる状況を作り出しておくとコラボレーションの質が高まります。プロジェクタをいくつか用意して、壁一面に映し出して議論の活性化を促すのも良い手法です。

◆ ◆ ◆

いずれの形式にしても、ワークショップはしばしば長期間にわたるため、適宜休憩を取ることが重要です。リラックスした雰囲気を作るためにお菓子などの軽食を用意するのも効果的です。参加者の疲労を軽減し、集中力を維持することはファシリテーターにとっての課題です。

取り扱うユースケースの決定

参加者全員に時間的な余裕がない限りは、イベントストーミングの実施にあたって具体的なユースケースを事前に設定することをお勧めし

注1）https://miro.com/ja/

ます。これはイベントストーミングの成功率を高め、その効果を最大化するうえで重要です。

筆者の経験上、ユースケースを特定しないワークショップは、長時間に及び参加者を疲弊させ、短期的な成果を得られない場合があります。結果として、イベントストーミングへの期待値と結果にがくぜんとした差が生まれ、その効果を過小評価することにつながります。

とくに初めてイベントストーミングを行う際には、限定されたユースケースを設定することをお勧めします。これにより、参加者は焦点を絞ったうえで議論を進めることができ、プロセスの効果を適切に評価できるようになります。

今回は初めてイベントストーミングを実施すると想定して、ターゲットとするユースケースを「ユーザーがホスティングサービスの申し込みをする」として進めます。また、「オンライン実施」の形態を想定し、ツールが提供する付箋の機能をもつオブジェクトを便宜的に「付箋」と表現することにします。

ビッグピクチャー

「ビッグピクチャー」フェーズは、イベントストーミングの最初のステップです。

ビッグピクチャーではプロジェクトやドメイン全体を俯瞰するために、まず関連するすべてのイベントを書き出していきます。そしてそれらを時系列に並べます。すると、イベントの抜け漏れに気づき、新たなイベントが追加されていきます。またイベント以外にもいくらかの議論が発生し、重要な視点が得られることもあります。

このプロセスを通じて、ドメイン全体の流れや関連性が視覚的に明確になり、後続の議論のための基盤が築かれていきます。さっそくワークショップを始めてみましょう。

イベントを書き出す

似たような名前のブレインストーミングがアイデアをとにかく書き出すものであるのと同じように、まずは参加者全員で、ドメイン内で起こり得るあらゆるイベントを自由に思いつく限り書き出していきます。重要なのは、この段階ではアイデアを評価しないことです。どんな小さなイベントも重要な洞察を提供し得る可能性を秘めています。

参加者は、ドメインに関連する各イベントを具体的かつ簡潔に、過去形で表現します。たとえば、ホスティングサービスの申し込みプロセスでは、「申し込みした」「サーバの準備が完了した」などがイベントとなり得ます。

理想は開始の合図とともに一斉に参加者が怒涛の勢いでイベントを書き出していくことですが、参加者の経験が少ないうちは「どうぞ書いてください」と促してもなかなか動き出せないものです。誰しもはじめの一歩を踏み出すには勇気がいるのです。その際にはファシリテーターがイベントを聞き出すスタイルにするとよいでしょう。

今回のユースケースは「ユーザーがホスティングービスの申し込みをする」です。したがって、最初のイベントとして「ホスティングサービスの申し込みをした」というイベントを書き出します。

次にビジネスやユーザーにとって得たい価値を、もっとも理想的な結末のイベントとして書き出します。今回であれば「サーバの準備が完了した」というものです（図1）。

そして、はじまりのイベントと結末のイベン

▼図1　起点となるイベントと理想的な結末のイベントを書き出す

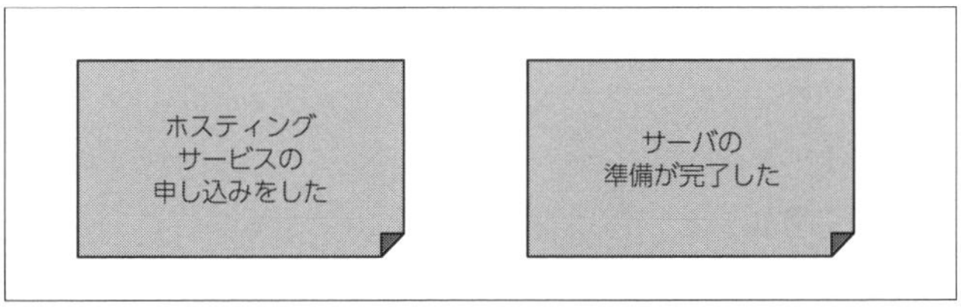

トの間にはどのような出来事が起きるのか問いかけてみてください。参加者の口から少しずつナラティブにイベントが飛び出してくるに違いありません。

イベントは過去形、タイムスタンプが付くもの

イベントを定義しようとしたとき、そのイベントが適切であるか迷うことがあります。ビッグピクチャーでは特段気にせず、どんどんと書き出していくことをお勧めしますが、イベントにタイムスタンプが付けられるかどうかを考えることは1つの判断基準になります。

たとえば、「サーバがダウンした」には「2023年7月1日午後3時にサーバがダウンした」とタイムスタンプを付けることができます。一方で「システムが安定している」という状態にはタイムスタンプを付けることが難しく、これはイベントとして扱うには適していないことを示しています。同様の例として、「注文が確定した」というイベントには、「2023年7月2日午前11時に注文が確定した」とタイムスタンプを付けられます。しかし「顧客が商品を検討している」という状況にはタイムスタンプを付けられません。このようにタイムスタンプの可能性を考慮することでイベントかどうかを明確に判断できます。

その他の判断基準として「確認した」といったクエリに相当する所作は、基本的にイベントにしません。ドメインに対して何かしらの影響を及ぼすものをイベントにします。

ただし「基本的に」と書いたように、クエリに相当する処理であってもイベントとなることがあります。それは証跡が必要になる処理であっ

た場合です。クエリであっても、ドメインにとってその情報を保持する必要がある場合にはイベントとして書き足すとよいでしょう。

イベントを時系列に並べる

ある程度イベントが出尽くしたら、すべてのイベントをそれが発生したと考えられる時系列にしたがって並べます。このプロセスにより、ドメインの流れやイベント間の関係がより明確になります（図2）。

各イベントがいつ起きたかを視覚的に理解することで、不足しているイベントに気づきます。その際には迷うことなくイベントを書き足しましょう。

同じ意味のイベントがあった場合は1つにまとめます。オンライン編集ツールであれば不要なものを削除してかまいませんし、付箋であれば重ねます。

ハッピーパスとホットスポットで脱線を防ぐ

議論が進むと脇道にそれて収拾がつかなくなることもあります。とくに開発者にとって関心の高いエラーケースに飛び火すると、そこに終止してしまい、肝心の部分を深掘りできないこともあります。このような状況を避けるために活用できるのが「ハッピーパス」と「ホットスポット」です。

ハッピーパスは、問題なく処理が進む標準的なシナリオを指します。ある程度の脱線は許容しつつ、本質的でないと感じたらハッピーパスに立ち返ることを意識しましょう。

ホットスポットは留意点と言い換えてかまいません。議論が進むと、重要ではあるものの決

▼図2　イベントを時系列に沿って並び替える

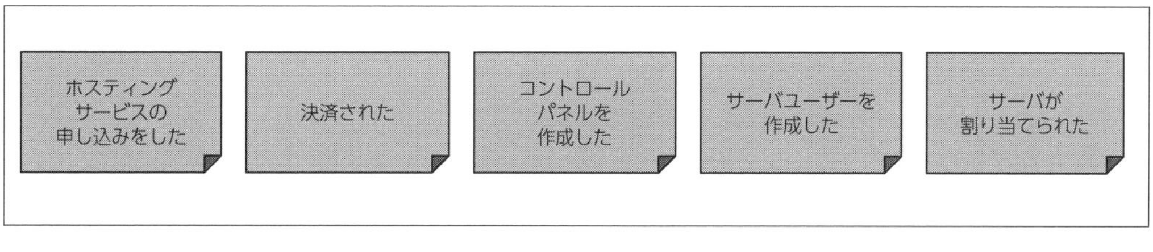

ホスティングサービスの申し込みをした　→　決済された　→　コントロールパネルを作成した　→　サーバユーザーを作成した　→　サーバが割り当てられた

定しきれない事柄や、イベントではないけれどドメインにとって重要な知識が飛び出すこともあります。これらは重要な情報ですが、議論の脱線を促すものです。ただその情報自体は有用で、議論の本線でないとして棄却するには惜しいものもあります。そんなときにホットスポットとして情報を書き出しておきます。

たとえば「決済された」というイベントに対して、決済手段には何があるのか思いを馳せることもあるでしょう。無論いつかそれに対峙（たいじ）する必要がありますが、ひとまずはハッピーパスの完成を目標にするため、ホットスポットとして書き留めます。ホットスポットは斜めに付箋を貼り出します（図3）。

ホットスポットにはTODOやドメイン知識が記述されます。前者はいつか解消すべきものですが、後者は延々と残り続けることもあります。

ビジネスプロセスモデリング

ビジネスプロセスモデリングでは、ビッグピクチャーで洗い出したイベントを使って、ビジネスの動きをより詳細にとらえます。

この段階でのおもな目的は、異なるイベントをつなぐ方法を詳細に検討することです。コマンド、集約、外部システム、ポリシーといったキーとなる概念を使用し、ビジネスプロセスの複雑な構造を明らかにします。

さらにリードモデルとアクターの導入を通じて、ビジネスプロセスの相互関係を深めていきます。リードモデルやアクターを加えることで、より具体的で実用的な図に変化していきます。

イベントとイベントをつなぐ

イベントは自動的に次のイベントを引き起こすことはありません。各イベントは特定の条件やトリガーのもとでのみ、次のイベントにつながります。イベントとイベントを関連付けるルールは図4のように表せます。

図4には、イベントストーミングで使用される付箋がどの付箋につなげることができるかが表れています。イベントとイベントをつなげるためのルートは次の2パターンです。

1. イベント → ポリシー → コマンド → 集約または外部システム → イベント
2. イベント → リードモデル → アクター → コマンド → 集約または外部システム → イベント

1つめのパターンから見ていきましょう。

コマンド

イベントとイベントをつなげるために、まずはイベントを引き起こすためのキーとなる要素であるコマンドを追加します。

各イベントはそれ単独で発生するわけではなく、それを引き起こすきっかけとなるコマンドが存在します。コマンドは、システムやプロセスに対する具体的な指示やアクションを表し、その結果としてイベントが発生します。

たとえば「ホスティングサービスの申し込みをした」のであれば「ホスティングサービスを申し込む」といったコマンドを

▼図3　留意点はホットスポットで書き留める

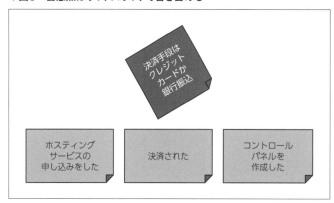

▼図4　イベントストーミングの関連付けルール

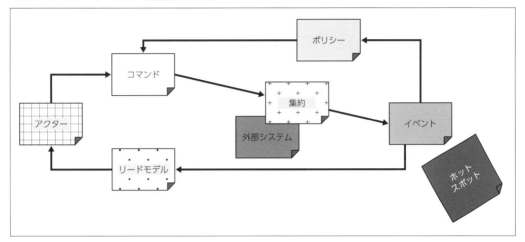

▼図5　きっかけとなるコマンドを定義する　　　　▼図6　コマンドを受け入れ、イベントを発火する集約を定義する

記述します（**図5**）。

　コマンドは一般的にイベントの現在形を記述しますが、必ずしもその形を踏襲するわけではないことに注意してください。例を挙げると通知方法が複数存在すると仮定したとき、「サーバの準備完了を通知する」コマンドに対して「準備完了メールを送信した」といったイベントが発生することもあります。

🧠 集約

　コマンドとイベントは直接関連付けられません。コマンドにはそれを引き渡す相手があり、イベントにもそれを引き起こす当事者がいます。集約はコマンドを引き渡す相手であり、イベントを引き起こす当事者です。

　「ホスティングサービスを申し込む」コマンドと「ホスティングサービスの申し込みをした」イベントを関連付ける場合には、その間に集約を配置します（**図6**）。

　なお、もともとのイベントストーミングのやり方ではこのタイミングで集約の付箋を配置し

ないようです。どうせのちのち配置することになるので、そのときの付箋の移動の手間を考えて、筆者は集約の付箋を配置するようにしています。

　集約は名詞で命名されます。もし今回のケースで命名するのであれば「ホスティングサービス」とします。ただし、このタイミングでの集約の定義は暫定的なものにすぎません。もし集約の定義に時間がかかってしまう場合には、**図6**のようにいったんは名無しの集約にしておいてもかまいません。なぜなら、このあと全体のビジネスフローが見えた段階で集約を見つけ出していくほうがすばやく、精度の高い命名をできることが多いからです。

🧠 外部システム

　自分たちのコントロール下にない外部システムも、ビジネスプロセスに直接的な影響を与えることがあります。たとえば、他チームが管轄するシステムとの連携であったり、サードパーティの支払い処理システムであったりが該当し

▼図7　ポリシーでイベントとコマンドを接続する

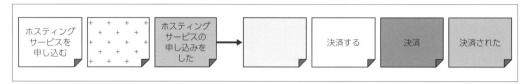

▼図8　条件による処理の分岐と合流を表現する

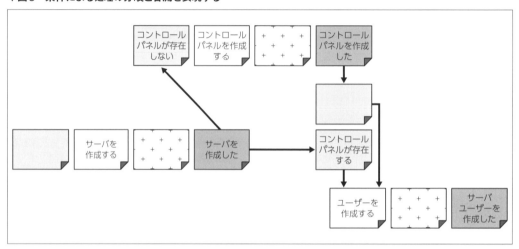

ます。

それらのシステムもコマンドを受け付け、イベントを発行するものとみなすことができます。したがって、集約の代わりに外部システムを定義します。

たとえば、ホスティングサービスではサーバの準備ができた際、ユーザーにその旨をメールなどによって通知します。こういった通知のようなビジネスの核心でない部分では外部サービスを利用することが考えられます。そのようなときは集約のときと同様に外部システムとして定義して、コマンドとイベントを関連させます。

なお、イベントの中には外部システムの詳細に関わるものがあります。自分たちの管理するシステムに関心がある場合や、後述のアクターに関わるイベントは記述しますが、それ以外のものについては深掘りをせずともかまいません。

🐢 ポリシー

ポリシーはイベントとコマンドを結び付ける重要な要素です。ポリシーは、特定のイベントが発生した際に**必ず**または**自動的**に特定のコマンドが実行されるような規則を定義します。

たとえば「ホスティングサービスの申し込みをした」イベントが起きた場合、「決済する」というコマンドが自動的に実行される、といった規則がポリシーに該当します（図7）。

また、特定の条件下でのみ実行されるコマンドが存在したとき、その条件はポリシーによって定義されます。その際には条件をポリシーに記載します。

ポリシーは「決済ポリシー」といったように命名できますが、実用上はほとんど意味をなさないケースが多いです。そのため、成瀬式では基本的に命名を行っていません。

なお、特定コマンドを挟んで処理を合流させたいときは**図8**のように複数のポリシーからコマンドに合流させることで自然な記述ができます。

◆　◆　◆

▼図9 リードモデルを定義して、アクターを経由してイベントとコマンドを接続する

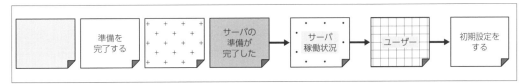

　ポリシー、コマンド、外部システムまたは集約、イベントは頻出するセットです。したがってこれらはイベントストーミングの基本的な要素であり、円滑な進行を支えるのに重要です。イベントストーミングを効率的に進めたいときは、これらを基本セットとして事前に準備し、コピーして使用するとよいでしょう。

アクターを介在させてイベントをつなぐ

　イベントは常に自動的にコマンドを実行するとは限りません。先ほどのルートの2つめのパターンのように、コマンドの送信者としてアクターが存在し、その行動や決定によって次のコマンドを発生させることがあります。

アクターとリードモデル

　アクターは、人間のユーザーやシステムなど、さまざまな形態をとります。アクターはイベントを直接見て行動するわけではありません。参照するための媒体であるリードモデルを参照し、得た情報を基にビジネスプロセスにおける次のステップを決定して、適切なアクションを取る役割を担います。

　リードモデルは、システム内のデータモデルやメール、ダッシュボードなどさまざまな形態をとることがあり、これによりアクターは適切なコマンドを選択し発行するための情報を得ることができます。

具体的なアクターの例

　ホスティングサービスの例の場合、ユーザーがサービスを申し込んだ際に、サーバの準備が完了するとコントロールパネルのサーバ稼働状況が更新されます。この「サーバ稼働状況」はリードモデルの一部です（図9）。

　ユーザー（アクター）は稼働状態を確認して「初期設定をする」というコマンドを発行します。この行動は、リードモデルから得た情報（サーバの稼働状況）に基づいており、ユーザーが次に取り得るステップを明確にしています。このように、リードモデルはアクターが情報に基づいた適切な行動を取るための重要なガイドとなります。

　なお、リードモデルには外部システムが作成するものもあります。たとえば通知サービスによって送信される「サーバ準備完了メール」などです。本来であればイベントがリードモデルに伝わり、それが更新されるという表現をするところですが、実直に表現すると「準備完了メールを送信した」イベントから「準備完了メール」へ矢印が伸びることになります。しかしこれは表現としては少しいびつです。メール自体は「準備完了メールを送信した」イベントが発生するより前に送信しているためです。

　したがって、成瀬式では外部システムから

▼図10 外部システムがリードモデルを出力する様子を表現する

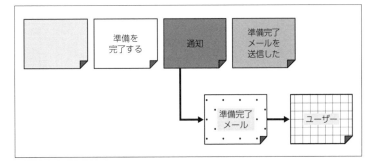

リードモデルをつなげることを許容しています
（図10）。

条件分岐

システムには条件分岐がつきものです。ここ
までのイベントストーミングプロセスでは、イ
ベントやコマンド、アクターなどの流れを構築
してきましたが、現実のシステムではさまざま
な条件に基づいた分岐が必要です。

イベントストーミングではおもに2ヵ所に条
件分岐が現れます。条件分岐がイベントストー
ミングではどのように表現されていくかを見て
いきましょう。

ポリシーによる条件分岐

ポリシーの解説の際に少し触れましたが、ポ
リシーには条件を記載することがあります。こ
こに記述される条件は集約の内部状態に依存し
ない条件です。集約の内部状態は、サーバ構築
中にエラーが発生した場合などを指します。つ
まり集約単体で判断がつくような内容です。

ポリシーはこれらの内部状態ではなく、たと
えば「サーバのコントロールパネルがすでに
作成されているか」といった、集約の外部状況
を基とした条件に注目します。このポリシーに
よって、サーバの管理やユーザーインターフェー
ス用のデータ生成など、特定のプロセスが条件
に応じて動作するかどうかが決定されます。

集約による条件分岐

集約による条件分岐では、集約
の内部状態に基づいて異なるイベ
ントが発生するシナリオを扱いま
す。

ホスティングサービスの例で考
えると、サーバの状態が「メンテ
ナンスモード」か「通常モード」
かによって、システムの応答は異
なります。そのような条件は図
11のように複数のイベントを記

述することで表現します。メンテナンスモード
時にユーザーがサーバを起動しようとすると、
「サーバを起動できなかった」イベントを発生
させる可能性があります。一方で、通常モード
では、同じ操作が「サーバを起動した」という
イベントを引き起こします。このようにイベン
トを複数定義することは集約の内部状態によっ
て、発生するイベントやシステムの応答が異な
ることを示すこともあります。

なお、失敗をイベントとするかどうかは議論
の余地があります。ドメインにおいて関心のあ
る重要な事柄であれば、「サーバを起動できな
かった」イベントのような処理の失敗をイベン
トで表現するのは有益です。

また条件によっていずれかのイベントが発火
する以外に、複数のイベントをすべて発火する
パターンもあります。その場合も同じ表現にな
ります。

複数のイベントが記述されている、すなわち
条件分岐というわけではないことに注意しま
しょう。

アクターによる条件分岐

アクターはリードモデルの情報を基に判断し
てコマンドを送信します。そういった意味では
アクター自身が条件分岐を担っています。

仕上げに向かう

ここまでのプロセスを通じて、ハッピーパス

▼図11　条件により集約が複数イベントを発火することがある

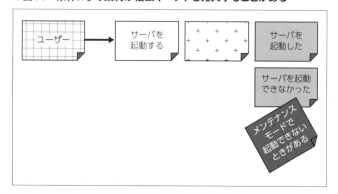

の完成までこぎつけることができるでしょう。ビジネスプロセスモデリングのいったんの締めくくりに向かいます。

ここでは、これまでに特定されたハッピーパスの詳細を洗練し、さらにシステムの堅牢性を考慮した検討を行います。また、システム内の集約の役割と境界を最終確認し、全体の設計を整理し完成させることを目的とします。

🧠 サッドパスを記述する

納得のいくハッピーパスが形成できたら、棚上げしていたエラーが起きた際のパスを形成していきます。このようなパスはその性質上サッ

ドパスやアンハッピーパスなどと呼称されます。

この段階では、システムが遭遇する可能性のあるさまざまな失敗シナリオやエラー状況を検討し、それらに対応するプロセスを定義します。サッドパスの記述によって、システムが予期しない状況や例外にどのように対処すべきかを理解し、それに基づいた適切なエラーハンドリングや例外処理戦略を策定できます。

🧠 集約に命名する

すべてのイベントがルールに従って関連付けられ、孤立したイベントがなくなったら、いよいよ集約の命名を行います。とはいえ、ここで

▼図12　ここまでのイベントストーミング図

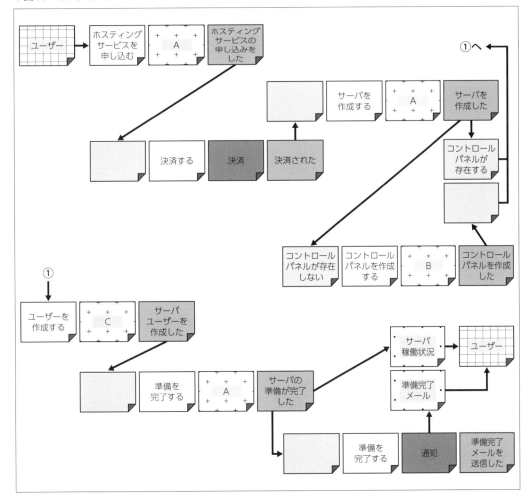

の命名は暫定的なものです。集約の定義は不変でなく、幾度もの検討を重ねていくうちに変化するものです。

現在のイベントストーミング図は**図12**です。

集約の名前を導き出すとき、そのコマンドの目的語やイベントの主語・目的語は良い手がかりです。「サーバを作成する」「サーバを作成した」とあるように「サーバ」は集約の名前候補です。実際に、このイベントストーミングのモデルとなったワークショップでは、チームでの議論の末に**図12**のA〜Cを次のように命名すると自然であるという結論に至りました。

- A：サーバ
- B：コントロールパネル
- C：サーバユーザー

集約には絶対的な正解はありません。ワークショップを進めたり、実装を進めたりするうちに初めの集約が誤りであったことに気づき、元あった定義とは異なるものに様変わりすることもあります。

🟤 ユビキタス言語の形成を促す

ビジネスプロセスモデリングではとくに言葉のゆらぎや別概念の同一視、あるいはシステム都合の表現が見られます。

言葉のゆらぎとは、同じ概念を少し違った表現にすることです。たとえば指し示しているものが同じものでありながら、あるメンバーは「サーバ」、またあるメンバーは「VM」と表現することです。同じものを別の表現で取り扱っていることが判明したら、表現を統一することに努めるとよいでしょう。

別概念の同一視は異なる概念を同じ言葉で表現することです。これはビジネス的には同じ言葉でよかったものの、システム的な表現を行う際には不都合が起き得るものというケースも存在します。たとえば「申請」といった言葉が文脈によって、申請という行為そのものを指していたり、申請書類を指し示していたりするとき

です。このケースは参加者同士の合意をもって言葉を改め、区別するとよいでしょう。

ソフトウェアシステムモデリング

ソフトウェアシステムモデリングのフェーズでは、ビジネスプロセスモデリングで特定した要素をさらに詳細に掘り下げ、ソフトウェアシステムの設計へ落とし込みます。

ここでは集約への洞察をより深めたり、コンテキストの発見につなげたりしていきます。

🍳 参加者の変更

このフェーズではシステム設計を行っていきます。したがってドメインエキスパートの参加はこのフェーズでは必須ではありません。ビジネスプロセスモデリングのフェーズで暫定的な集約を決めていたのは、ここでドメインエキスパートを解放したいというねらいがあります。何かと多忙なドメインエキスパートに参加を強制するのは得策ではないでしょう。

もちろんドメインエキスパートに興味と余裕があれば参加してもらうのは良いことです。疑問点が出てきたときや、思い違いの解決がすばやくなります。また集約の定義をする際にドメインエキスパートの洞察は強力な援護となるはずです。

🍳 集約の定義と深掘り

まず集約を定義していきます。ビジネスプロセスモデリングで定義している場合にはこの作業は不要です。即時的な整合性を求められる単位としてまとめていきます。

即時的な整合性とは何があっても常に真であるべき特性です。たとえば、ECシステムの買い物カートでは、カートの小計は常に各商品の数量に対応する単価を掛けた合計になります。こういったとき、買い物カートは集約と定義して、即時的な整合性を保つ範囲と見なす判断はもっともらしいです。

集約の命名の際にはコマンドやイベントに記述されている言葉に着目します。今回のケースでは「サーバを作成する」コマンドや「サーバを作成した」イベントなどを見ると、サーバという言葉が集約のヒントになっています。

チーム内で協議しながら集約を定義し終わったら、その集約に送信するコマンドと発生させるイベントを集めます。これがそのまま集約を実装する際の設計書になります。具体的には、オブジェクト指向プログラミングで言えば集約がクラスを表しており、そのクラスに定義されるべきメソッドないしは引数がコマンドとして表現され、クラスが引き起こすべき結果をイベントで表現しています。

🎳 残すべき図について

成瀬式ではこのとき、集約の付箋を複製します。なぜなら、ビジネスプロセスモデリングで作成された図を残しておきたいからです。ビジネスプロセスモデリングの図はビジネスのフローをよく表現しています。これを残しておくことは、たとえば後続の開発者がシステムを理解するときや、改修を検討する際の影響範囲を見定めたいときに役に立ちます。

ビジネスプロセスモデリングで作り上げた図はドメインエキスパートと議論を進めるのに有用です。また、後続の開発者がシステムを理解する際の資料になります。改修を検討する際の影響範囲を見定めるのにも役に立ちます。

両方の図を採用する場合の懸念事項は、相互に関連している複数の図を抜かりなくメンテナンスするのが難しいということです。

もし複数の図が存在することを嫌い、1つを選択しなくてはならない状況であれば、筆者はビジネスプロセスモデリングの図を残すことを選択します。なぜならソフトウェアシステムモデリングで作成される図はそのままコードで表すことができるからです。初期の実装さえ乗り越えてしまえば、ソフトウェアシステムモデリングの内容をクラスの定義や単体テストから読み解くことは困難ではありません。

🍳 コンテキストの発見

ここでいうコンテキストはドメイン駆動設計の文脈では境界づけられたコンテキストとして知られるものです。システムやビジネスプロセスの特定の部分が共有する文脈や言語の範囲を定義するグルーピングです。言い換えるなら、特定のドメインモデルが適用される範囲を指します。

コンテキストも集約と同じく、絶対的な指標はありません。チームが納得できるグルーピングを見つけ出すことがゴールと言えるでしょう。

イベントストーミング図では線を引いてコンテキストを分割します。たとえば、準備完了を伝える通知は「通知コンテキスト」と表現できるでしょう（**図13**）。

フィードバックループ

ソフトウェアシステムモデリングを進めていくと、ビジネスプロセスモデリングで見いだした概念が実は誤りであったとわかることがあります。それらは大きく2つのパターンに分けられます。

1つめのパターンはそもそもの定義があいまいであり、まだ洗練させる余地があるパターンです。実装することに思いを馳せると、言葉のわずかなブレや異なる概念が同じ言葉で語られていることに気づくことがあります。こういったあいまいさはシステム化の障害となり得ます。

2つめのパターンは、システムとして落とし込む際にいくらかの現実的なシステム的な制約を受けることに起因します。つまり「現実問題としてそれは難しい」という場合です。

いずれのケースであっても、ビジネスプロセスモデリングにおける概念に手を加える必要が出てきます。その際にはドメインエキスパートやチームにフィードバックをしつつ、新たな概

▼図13　ソフトウェアシステムモデリング図

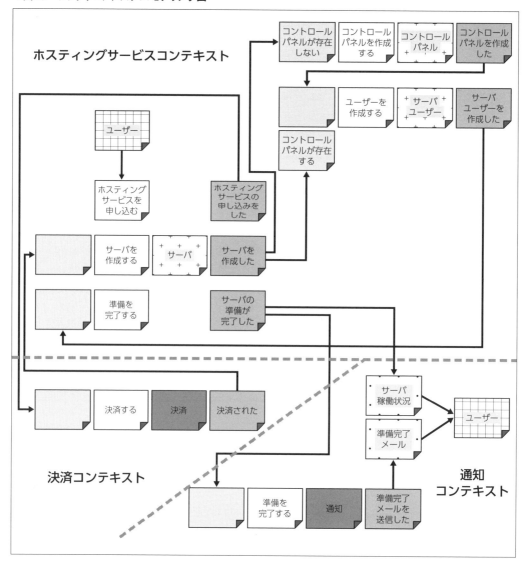

念の策定に心血を注ぎます。このフィードバックループこそが洗練されたモデルに必要不可欠なのです。

　サンプルに立ち返りましょう。実際にモデルとなったワークショップでは、紆余曲折ありましたが集約についての再定義が発生しました。具体的には「サーバ」「コントロールパネル」「サーバユーザー」ではなく、サーバの準備を示す「サーバプロビジョニング」という集約こそが最適であると判断されたのです。システム

自体がサーバを管理するものではなく、申し込みから発生する一連の準備作業を管理するものであるべきと判断されました。

　また、ほぼ同時期に申し込みを管理する別のシステムと連携する必要があることもわかりました。「注文システム」という外部システムが書き足されたのです（図14）。

　これらはいずれもドメインエキスパートであったメンバーの発言を起点に、関係者が合意をすることで決まりました。そこに絶対的な指

▼図14 フィードバックによりモデルが進化する（図12の進化後）

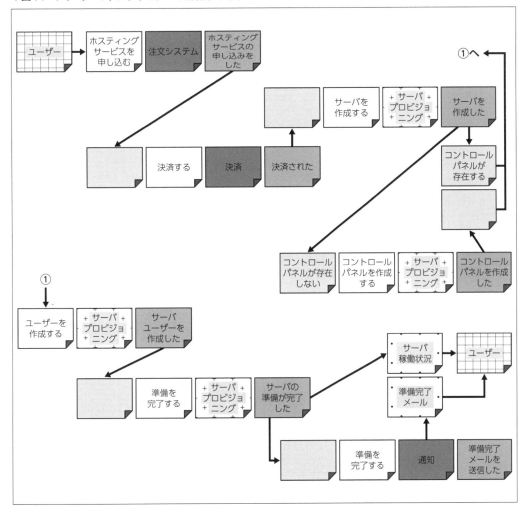

標はありません。そのうえでこの例から読み取れる教訓は「初めに決まったものに固執をするな」ということです。

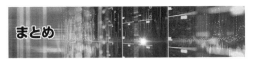

本節ではイベントストーミングワークショップの流れや注意点を細かく解説してきました。細かい点に目を向けると難しさを感じることもあるでしょう。しかし端的に説明しなおすとイベントを定義して、それらをルールに従ってつなげて、集約を見つけ出すというだけです。大枠を理解したらまずは試してみて、行き詰まっ

たら本節を読み返すといったやり方をすれば、実施はたやすいものでしょう。

イベントストーミングの利点は、再現性が高くノウハウ化しやすいということだと筆者は考えています。向き不向きはあれ、訓練を重ねれば、大多数のメンバーが理解できます。ファシリテーターとなれる者も少なからず存在することでしょう。

一度実施して、その有用性を目の当たりにすれば、賢明なる開発者諸君であれば自然と開発フローに採用しようとするに違いありません。 **SD**

2-4
イベントソーシング
イベントストーミング図を基に実装する

この節では、イベントを中心とする設計と実装のプロセスを詳しく掘り下げ、実際の
ソフトウェアプロジェクトにおいて、どのように適用されるかを確認します。

Author 成瀬 允宣 (なるせ まさのぶ)
URL https://nrslib.com **X(Twitter)** @nrslib

本節ではイベントストーミングによるドメインの理解と図化を学んだみなさんに向けて、イベントを中心としたソフトウェア設計と実装の方法論としてイベント駆動アーキテクチャでの実装を紹介します。

イベント駆動アーキテクチャを前提にすると、イベントストーミングで見つけたドメインイベントやコマンド、ポリシーなどは、単なるモデリングの要素にとどまらず、実際のソフトウェア設計と実装を助ける強力なツールとなります。また、イベント駆動アーキテクチャは、システム設計における新たな視点を提供します。従来のアプローチでは見過ごされがちな、イベントの流れやシステムの状態変化に焦点を当てることで、より柔軟で透明性の高いシステムを構築できます。このアプローチにより、ビジネスロジックとシステムの状態管理を、より直感的で理解しやすい方法で統合できます。

イベントストーミングで得られたドメイン知識を活用し、実際の開発プロジェクトにおける具体的な設計と実装のアプローチを理解することで、より効果的なソフトウェアソリューションを生み出すことが可能になるでしょう。

本節で取り扱う イベントストーミング図

本節では**図1**の支払いに関わるイベントストーミング図をベースに解説します。フローを追いやすいように、ここではビジネスプロセスモデリングの図を提示します。

API呼び出しを受け付けて、自システムにデータを永続化しながら外部APIを処理するという一般的なシナリオです。

イベントを前提としない実装

 ### 伝統的な実装

まずはイベント駆動アーキテクチャでない、伝統的な実装の例を確認します。**図1**を伝統的な実装で記述すると、おおむね**リスト1**のように記述されるでしょう。

読み解くのはさほど難しくなく、イベントストーミング図と見比べてみれば、その処理内容に図の内容が反映されていることがわかります。

伝統的な実装の問題点

この実装自体はさほど珍しくない実装であるものの、いくつかの問題を抱えています。まずはそれらをひも解きます。

個人の能力に左右される翻訳能力

1つめの問題は、設計書を読み解くのが個人の力量に左右されることです。

▼図1　今回取り上げるサンプルのイベントストーミング図

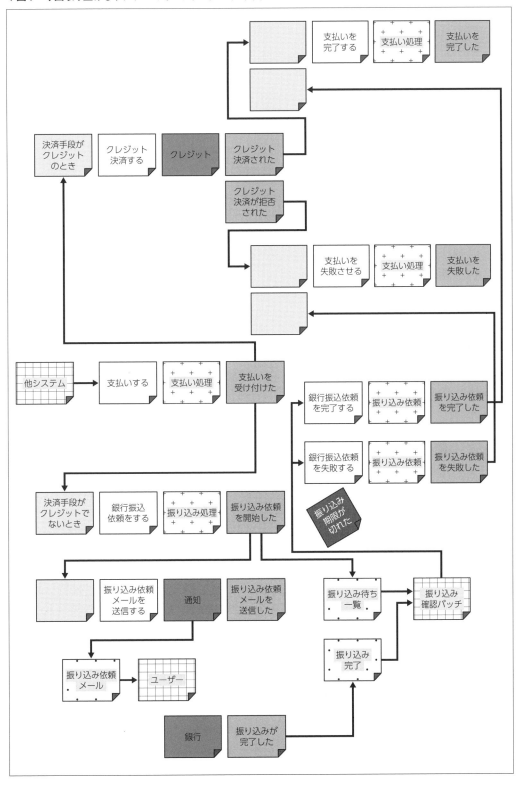

▼リスト1　伝統的な実装

```
class PaymentService {
  (..略..)
  public PaymentOutputData handle(PaymentInputData inputData) {
    var paymentProcess = new PaymentProcess(inputData.accountId(), inputData.amount());

    if (inputData.method == PaymentMethod.CREDIT) {
      var makePaymentResult = creditApi.makePayment(
        new MakePaymentInputData(inputData.accountId(), inputData.amount())); // ❶
      if (makePaymentResult.hasSucceeded()) { // ❷
        paymentProcess.complete();
        paymentRepository.save(paymentProcess);
      } else {
        paymentProcess.fail();
        paymentRepository.save(paymentProcess);
      }
    } else {
      var prepareTransferRequestResult = bankApi.prepareTransferRequest(
        inputData.accountId());
      if (prepareTransferRequestResult.hasErrorOccurred()) {
        throw new PaymentServicePrepareTransferFailException(prepareTransferRequestResult);
      }

      var mailSendResult = mailApi.send(inputData.accountId(), transferRequestMailTemplate());
      if (mailSendResult.hasErrorOccurred()) {
        throw new PaymentServiceMailSendinFailException(mailSendResult);
      }
      paymentProcess.mailSent(mailSendResult.mailId());
      paymentRepository.save(paymentProcess);
    }

    return new PaymentOutputData(paymentProcess.status());
  }
}
```

　設計図を具体的なコードにしていくためには、設計図の「翻訳」が必要です。この「翻訳」する過程は、個々の開発者の技術的能力や解釈に大きく依存します。たとえば「クレジット決済する」コマンドは**リスト1の①**のようにメソッド呼び出しに変換されています。「クレジット決済された」イベントと「クレジット決済が拒否された」イベントは複数のイベントでありながら**リスト1の②**のようにmakePaymentResult.hasErrorOccurred() としてまとめられています。図と見比べてみれば納得できるものの、とくにイベントのほうはいささか図の付箋がそのままコードとして表現されているとは言い難い状況です。

　設計図はしばしば抽象的であるため、それを実際の実装へ落とし込むために、開発者は高度な技術的判断を迫られます。このプロセスは、個人の経験、知識、解釈のしかたに大きく影響されるため、異なる開発者が同じ設計図からまったく異なる実装を生み出す可能性を残します。

　このような状況は、チームメンバーの変更によってチームの実装能力が低下するなどのプロジェクトに大きな影響を及ぼすリスクをもたらします。

🥚 設計図と実装の乖離

　2つめの問題は、先の翻訳能力を起因とする、設計図と実装の乖離が挙げられます。

　この問題は、初期の設計段階で作成されたシステムの設計図と、最終的な実装の間にギャップが生じる現象を指します。設計図ではシステムの理想的な構造や動作が詳細に描かれることもあります。しかし実際の実装プロセスでは技術的な制約や誤解、または開発中の要件変更な

どにより、この設計図から逸脱することがよくあります。つまり、最終的な製品は設計図を完全に反映していないことが多いのです。

この乖離は、システムのメンテナンスや拡張を困難にし、将来の変更に対する柔軟性を損なう可能性があります。さらに開発チームとドメインエキスパート、ひいてはステークホルダー間のコミュニケーションの問題を誘発し、プロジェクトの進行に影響を与えることもあります。

イベントを主軸にした実装

伝統的なアプローチの課題を確認したところで、本節よりイベント駆動アーキテクチャの設計と実装を掘り下げます。

イベントソーシングとは

イベント駆動アーキテクチャと親和性の高いパターンの1つに「イベントソーシング」があります。イベントソーシングは、アプリケーションの状態変化をイベントとして記録するアプローチです。この手法では、すべての変更やアクションがイベントとしてログに記録されます。アプリケーションの現在の状態は、過去のイベントを再生することで再現されます。

たとえば、ステートソーシング（イベントソーシングでない従来的なデータ管理）ではデータベースに状態が直接保存されます。つまり、アプリケーションが扱うオブジェクトの現在の状態がデータベースに格納され、更新があるたびにこの状態が上書きされます。一方、イベントソーシングでは、状態そのものではなく、その状態に至るまでのすべての変更（イベント）が記録されます。これにより、いつでも特定の時点の状態を、イベントのログから再現できるようになります。

イベントソーシングのアプローチにより、データベースには個々のイベントが時系列順に記録されます。これによって、アプリケーションのあらゆる状態変化が透明に追跡可能となり、た

とえばエラー発生時のデバッグやビジネスプロセスの監査が容易になります。また、イベントログはシステムの状態を異なる時点で再現するための強力な手段となり、さまざまなニーズに柔軟に対応できるようになります。

フレームワークによるサポートとその立ち位置について

イベントソーシングをフレームワークなしで実装することは可能ですが、イベントの保存や再生、そしてイベントに基づく処理のトリガーなどの複数の複雑なプロセスを自身で管理する必要があります。これはとくに、大規模なアプリケーションや多くのイベントが発生するシステムでは、技術的な課題となり得ます。

このような課題は、イベントソーシングをサポートするフレームワークを利用して解決するのがお勧めです。フレームワークは、イベントの永続化・イベントストリームの管理・状態の再構築・イベント駆動でのビジネスロジックの実行など、イベントソーシング特有の複雑なタスクを簡素化します。また、フレームワークはイベントソーシングのベストプラクティスとパターンを提供し、共通の落とし穴を避けるのに役立ちます。これにより開発者がビジネスロジックの実装に集中でき、開発の迅速化とシステムの信頼性向上が期待できます。

フレームワークにはいくつかの選択肢がありますが、本節では筆者がプロダクトで実践しているAxon Framework[注1]を紹介します。Axon FrameworkはSpring Frameworkと連携でき、アノテーションベースのコーディングで手軽にイベント駆動のソフトウェアを記述できます。アノテーションベースのコーディングはSpring Frameworkではデファクトスタンダードな手法ですので、多くの開発者にとってキャッチアップのコストを最小限にできます。また、Axon Frameworkはドメイン駆動設計の原則に基づ

注1) https://developer.axoniq.io/axon-framework/overview

いて構築されていると公言していて、イベントストーミングとの相性が良好です。

　フレームワークにはそのほかにも Eventuate Tram や Akka、Apache Pekko、Proto.Actor など、いくつかの選択肢があります。伝統的な実装に慣れ親しんでいる開発者であれば、Eventuate Tram はすぐに扱えます。Akka と Apache Pekko、および Proto.Actor はアクターモデルのプログラミングを習得する必要があり、比較的ハードルが高くなります。なお、Proto.Actor は C# や Go でも利用可能な点は特筆すべきことです。

イベントソーシングによる実装

　イベント駆動アーキテクチャでイベントストーミング図を実装した際の具体的なコードを解説していきます。サンプルコードは実際に動かせるコードとして GitHub で公開しています[注2]。

　このプロジェクトはドキュメントを共有することを目的としたマイクロサービス群です。ここで紹介する以外にもいくつかの処理があります

すので、本特集をご覧になったうえで興味が湧いた場合にご活用ください。

アクターからのコマンド処理（支払い開始）

　処理の流れを追うために図1の先頭から実装を確認していきます。まずは他システムが受け付けたユーザーからの申し込みの支払い処理を開始する部分です（図2）。

コマンドを送信する

　ここでは、アクターがユーザーから受け付けた支払い処理を開始するためにAPIを実行します。そのため、HTTPリクエストを受け付けるコントローラ部分になります。

　リスト2では、コマンドを生成して、それを送信しています。CommandGateway は、Axon Framework が提供するコマンドを引き渡すためのオブジェクトです。コマンドを引き渡すと、フレームワークはそのコマンドオブジェクトを引数としている @CommandHandler アノテーションが付与されたメソッドを呼び出します。また sendAndWait メソッドというメソッド名からわかるとおり、リスト2の処理は同期的にコマンド送信先の処理完了を待機します。非同期的に処理を実施したい場合には send というメソッドを活用します。

　注意すべきは、ここでの同期処理はコマンドを受け取ったハンドラまでの同期です。今回のケースで言えば、「支払いを受け付けた」イベン

注2）https://github.com/nrslib/pubsubdoc/tree/softwaredesign-snapshot

▼図2　アクターからのコマンドを受け付ける例

▼リスト2　支払い処理を受け付ける

```java
public record PaymentsController(CommandGateway commandGateway) {
    @Operation(summary = "Request payment.")
    @PostMapping
    @ResponseStatus(HttpStatus.CREATED)
    public PaymentsPostResponse post(PaymentsPostRequest request) {
        var userId = new UserId(request.userId());
        PaymentProcessId paymentProcessId = commandGateway.sendAndWait(
            new PaymentRequest(paymentId, userId, request.amount()));

        return new PaymentsPostResponse(paymentProcessId.value());
    }
}
```

▼リスト3 「支払いする」コマンドの実装

```
public record PaymentRequest(UserId userId, BigDecimal amount) {
}
```

▼リスト4 「支払いする」コマンドを受け付ける処理

```
@Aggregate
public class PaymentProcessAggregate extends AbstractAggregate<PaymentProcess, ⏎
PaymentProcessId, PaymentProcessEvent> {
    (..略..)
    @CommandHandler
    public PaymentProcessAggregate(PaymentRequest command) {
        var event = PaymentProcess.create(
            new PaymentProcessId(), command.userId(), command.amount());
        apply(event, MetaData.with("processId", event.paymentProcessId().value()));
    }
    (..略..)
}
```

▼リスト5 「支払い処理」集約

```
public record PaymentProcess(PaymentProcessId paymentProcessId, UserId userId)
    implements EventDrivenAggregateRoot<PaymentProcessEvent> {
    public static PaymentProcessRequested create(
        PaymentProcessId paymentProcessId, UserId userId, BigDecimal price) {
        return new PaymentProcessRequested(paymentProcessId, userId, price);
    }
    (..略..)
}
```

トが発火されるまでになります。図のプロセス
すべての処理が完了するまで待機するわけでは
ありません。なお、イベントストーミング図の
「支払いする」コマンドはPaymentRequestとし
て実装されています（リスト3）。

コマンドを受け取りイベントを発火する

さきほど送信したコマンドを受け取るコマン
ドハンドラの処理はリスト4です。コマンドを
受け取り、PaymentProcess集約のメソッドで
あるcreateを呼び出して、戻り値のイベント
をapplyメソッドを通じてアプリケーションに
適用しています。適用されたイベントはデータ
ストアに保存され、その後の取り扱いはイベン
トプロセッサに委ねられます。イベントを格納
するデータストアはジャーナルと呼ばれます。

「支払い処理」集約はここで初めて作られる
ため、インスタンス化をするようにコンストラ
クタでコマンドを受け取り、処理をしています

（リスト5）。PaymentRequestコマンドを送信
したときに戻されるのは@AggregateIdentifier
で修飾された値（既定クラスに定義されていま
す）です。この戻り値を変更したい場合には、
コマンドハンドラのメソッドを定義して、@
CreationPolicy(AggregateCreationPolicy.
ALWAYS)で修飾すると実現できます。

なお、apply時に引き渡しているMetaData
はジャーナルにメタ情報として保存されるもの
です。このプロジェクトではprocessIdという
情報はイベントをトリガーにして発行されるコ
マンドや、コマンドをトリガーにして発行され
るイベントに引き継ぐよう設定しています。こ
れはイベントを収集して、特定のプロセスが現
在どこまで進んでいるかを確認したりするのに
役立ちます。この情報はたとえばRDBであれ
ばテーブルのカラムに、Apache Kafkaなどの
メッセージブローカーであればヘッダ情報など
に保管されます。

Axon Framework では @Aggregate で修飾したクラスを集約として、集約に @EventSourcingHandler で修飾したメソッドを記述してイベントソーシングを実現します。フレームワークの作法にのっとってこの修飾されたクラスを集約として実装すると、本来技術的な基盤に依存すべきでないドメインオブジェクトである集約がフレームワークに依存してしまいます。このコードではその依存を嫌って、AbstractAggregate といった基底クラスで Axon Framework固有のコードをアダプタとして取り扱いながら、アダプタでない本来の集約（PaymentProcess）を独立して取り扱えるようにしています。

集約のメソッドは基本的にはイベントを返却します。create メソッドが返却しているPaymentProcessRequested は「支払いを受け付けた」イベントです。

このとき「支払いを受け付けた」イベントは「支払い処理」集約の始まりのイベントです。したがって、このイベントを発行するメソッドは集約のインスタンスがない状況で実行する必要があります。このことから、create メソッドはstaticで実装されています。

なお、「支払いを受け付けた」イベントの実装はリスト6のように単純なものです。

以上がコマンドを集約が受け取り、イベントを発火する流れです。イベントストーミング図におけるコマンドと集約とイベントはここで紹介したそれぞれのクラスと同様に定義します。

外部システムの処理 （クレジット決済）

次に支払い処理を開始して、決済がクレジットのときにクレジット決済の Web API を実行する処理（図3）を確認していきます。

ここでのポイントは、ポリシーと外部システムの取り扱い方です。

イベントをトリガーに次のコマンドを送信する

まずは発行されたイベントからつながるポリシー部分を実装します（リスト7）。

イベントをトリガーに何か処理を行う場合には、取り扱いたい当該イベントを引数にしたメソッドを定義して

▼リスト6 「支払いを受け付けた」イベント

```
public record PaymentProcessRequested(
    PaymentProcessId paymentProcessId,
    UserId userId,
    BigDecimal amount,
    PaymentMethod paymentMethod)
    implements PaymentProcessEvent {
    }
```

▼図3 外部システムにコマンドを送信する例

▼リスト7 イベントをトリガーに処理を開始する

```
@Component
public record PaymentProcessCreditPaymentStep(CommandGateway commandGateway) {
    @EventHandler
    public void on(PaymentProcessRequested event) {
        if (event.paymentMethod() == PaymentMethod.CREDIT) {
            commandGateway.send(
                new CreditApply(event.paymentProcessId(), event.userId(), event.amount()));
        }
    }
}
```

▼リスト8　外部サービスの処理

```
@Service
public record CreditService(CreditApi creditApi, QueryGateway queryGateway, EventGateway ⏎
eventGateway, EventScheduler scheduler) {
    @CommandHandler
    public void handle(CreditApply command) {
        var response = creditApi.makePayment(new CreditMakePaymentRequest(
            command.userId(), command.amount()));
        if (response.statusCode() != 200) {
            eventGateway.publish(new CreditMakePaymentFailed(command, null));
            return;
        }

        if (response.accepted()) {
            eventGateway.publish(new CreditAccepted(command.paymentProcessId()));
        } else {
            eventGateway.publish(new CreditRejected(command.paymentProcessId()));
        }
    }

    @EventHandler
    public void on(CreditMakePaymentFailed event) {
        RetryScheduler.exponentialBackoff(scheduler, event.command().count(), 5, 60,
            (duration) -> {
            eventGateway.publish(new CreditMakePaymentCriticalErrorOccurred());
        }, () -> {
            var command = event.command().countUp();
            return new ExternalRetryRequested(command);
        });
    }
}
```

@EventHandlerで修飾します。今回のポリシーには「決済手段がクレジットのとき」と記載があるため、その条件を記述してコマンドを実行しています。

🐟 外部システムがイベントを発火する

今回の自システムはイベント駆動アーキテクチャで実装していますが、外部システムとなるとそうはいきません。たとえば、今回のクレジット決済を行うサービスはWeb APIであるため、どうしてもHTTPを活用した同期的な処理が必要になります。しかし、そこであきらめてしまってはイベント駆動アーキテクチャが不完全なものになってしまいます。

そこで、外部システムを**リスト8**のように実装します。コマンドを起因としてWeb API呼び出しを行い、その結果をイベントとして発行しています。外部サービスの通信基盤がHTTP通信であるゆえに同期的な処理を求められると

ころを、自システムのイベント駆動アーキテクチャに適合させているのです。このような他システムのアーキテクチャ都合により、自システムのコンセプトが破壊されることを防ぐ対策は腐敗防止層として知られています。なお、HTTP通信で起き得る厄介な通信エラーなどに対処するため、リトライ処理を指数関数的バックオフにより行っています。これによりサービス連携に伴うエラーの確率を低減しています。

外部サービスの呼び出しの多くはこのような記述になります。外部サービスがイベント駆動アーキテクチャであった場合には、このような外部サービス呼び出しを自システムに記述することなく、外部サービス側でイベントをハンドリングできます。ただし、これを行う際にはシステム同士の依存関係をどのようにあるべきかを考慮すべきです。

たとえば、注文サービスと支払いサービスがあったとします。このとき支払いサービスが注

文サービスのイベントを購読する形にすると、支払いサービスは汎用的なサブシステムでありながら、常に注文サービスの変更の影響を受けます。コンテキストによりますが、多くの場合はこの依存関係を健全であるとは言い難いでしょう。

集約がコマンドを受け付ける処理（支払い完了）

次はクレジット決済後の完了処理を確認します（図4）。ポリシーの処理は外部システムの処理と同じであるため、ここでは集約のインスタンスをロードする部分に着目していきます。

支払い処理を行う際、これまでと異なるのは集約のイベントが一度保存されているということです。したがって、コンストラクタではなくメソッドでコマンドを受け取ります。

リスト9は集約のcompleteメソッドを呼び出します。エラーが発生した場合には例外を送出します。completeメソッドは支払いが失敗しているときに処理をしてはいけないため、エラー状態を確認して、必要に応じてメソッドの処理を失敗させます。重要なのは、この状態が過去のイベントをロードすることで設定されているという点です。

イベントソーシングでは最新の状態はどこにも存在していません。最新の状態を得るには、インスタンスを生成してから、そのインスタンスに関わるイベントを読み込んで適用することで最新の状態を作り出します。具体的には実際の集約の処理を行っているリスト10のapply

▼図4　イベントからコマンドが発行される例

Eventメソッドがそれに対応しています。このapplyEventメソッドはフレームワークがイベントをデータストアから読み出すたびに呼び出されます。その都度、インスタンスの状態を変更する、または新たにインスタンスを作り出し返却することで、状態を更新していきます。

なお、集約が持つべき状態はメソッドの実行に関わるものに限られます。たとえば、これまで「支払い処理」集約に関係するコマンドやイベントでは金額や支払い方法といったデータが存在していました。しかし、現状の実装では「支払い処理」集約の状態として、それらを保持していません。これは現状の「支払い処理」集約において、それらを取り扱うメソッドがないからです。もし、当該データを参照したい他システムがあった場合にはイベントのデータを見れば事足ります。

余談ですが、集約が再構築されるたびにイベントを読み込んでいくのは処理効率として非効率的であることが気になる方もいるでしょう。その対策として、Axon Frameworkにはスナップショットという機能があります[注3]。この設定

注3)　https://docs.axoniq.io/reference-guide/axon-framework/tuning/event-snapshots

▼リスト9　支払い完了処理

```
@Aggregate
public class PaymentProcessAggregate extends AbstractAggregate<PaymentProcess, ⏎
PaymentProcessId, PaymentProcessEvent> {
    (..略..)
    @CommandHandler
    public void handle(PaymentProcessComplete command) {
        applyOrThrow(PaymentProcess::complete, (error) -> {
            throw new PaymentProcessAggregateException(error);
        });
    }
}
```

をすると、ある時点におけるオブジェクトをシリアライズして、データストアに永続化して利用できます。

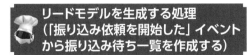

リードモデルを生成する処理（「振り込み依頼を開始した」イベントから振り込み待ち一覧を作成する）

最後にイベントからリードモデルを生成する処理を確認します（図5）。ここで生成するリードモデルはRDBのデータモデルです。

イベントを受け取りリードモデルを生成する

リードモデルを生成するオブジェクトはプロジェクションやリードモデルアップデーターなどと呼ばれます。Axon Frameworkでは通常ど

おりイベントハンドラを定義して、そのハンドラでリードモデルを生成します（リスト11）。

リードモデルを生成しているコード自体はO/RマッパーであるSpring Data JPA注4を活用した一般的なものです。イベント情報から読み取るシステムが扱いやすいデータモデルに加工して保存します。このリードモデルはバッチプログラムが参照して、後続処理のAPI実行時のパラメータに利用します。

特筆すべきは@ResetHandlerアノテーションのついたメソッドです。多くの開発者が本番環境で実行したことがない夢（悪夢とも言いま

注4) https://spring.io/projects/spring-data-jpa/

▼リスト10　applyEventメソッドの実装

```
public record PaymentProcess(PaymentProcessId paymentProcessId, UserId userId, boolean ⏎
error) implements EventDrivenAggregateRoot<PaymentProcessEvent> {
    (..略..)
    @Override
    public EventDrivenAggregateRoot<PaymentProcessEvent> applyEvent(PaymentProcessEvent ⏎
event) {
        return switch (event) {
            case PaymentProcessRequested __ -> new PaymentProcess(paymentProcessId, ⏎
userId, false);
            case PaymentProcessCompleted __ -> this;
            case PaymentProcessFailed __ -> new PaymentProcess(paymentProcessId, userId, ⏎
true);
            default -> throw new IllegalStateException("Unexpected value: " + event);
        };
    }

    public Either<PaymentProcessError, PaymentProcessCompleted> complete() {
        if (error) {
            return Either.left(new PaymentProcessInvalidError());
        }

        return Either.right(new PaymentProcessCompleted(paymentProcessId, userId));
    }

    public PaymentProcessFailed fail() {
        return new PaymentProcessFailed(paymentProcessId);
    }
}
```

▼図5　リードモデルの例

▼リスト11 「振り込み依頼一覧」リードモデルを作る処理

```
@Component
public record TransferRequestProjection(TransferRequestRepository repository) {
    @ResetHandler
    public void reset() {
        repository.deleteAll();
    }

    @EventHandler
    public void on(TransferRequestStarted event) {
        var data = new TransferRequestDataModel();
        data.setTransferRequestId(event.transferRequestId().asString());
        data.setStatus(TransferRequestStatus.CREATED);

        repository.save(data);
    }
}
```

す）のコードが記述されています。この処理は
リードモデルのリセット処理を実行したとき、
最初に実行されます。

リードモデルのリセットを端的に表現するな
らば、読み取り用のDBの作り直しです。リセッ
トを実行すると、具体的にはリセットハンドラー
を実行したのち、そのイベントプロセッサ管理
下にあるオブジェクトにおいてすべてのイベン
トをリプレイします。イベントはすべて保存さ
れているので、最初からリプレイすれば最新の
状態を作り出せるというわけです。

🍩 リードモデルがもたらす恩恵

システムの更新を行う処理をコマンド、その
データを読み取るのをクエリとし、このように
コマンドの結果データ（今回はイベント）から
クエリ用のデータを作る手法はCommand
Query Responsibility Segregation（CQRS）パ
ターンとして知られています。また今回のよう
にイベントソーシング（Event Sourcing、ES）
を活用している場合は、CQRS + ESと呼称で
きます。

CQRS + ESを活用すると、コマンド側のシ
ステムがクエリ側のシステムの事情に深入りせ
ず、システムを構築できます。これにより、コ
マンド側システムでインピーダンスミスマッ

チ[注5]を考慮しなくて済むようになります。

RDBは高度な検索や集計などに秀でていま
す。その機能を活用するために、システムはク
エリ側の都合を考慮しながらデータを格納する
のが一般的です。しかしCQRS + ESを前提に
すると、読み取りのデータはコマンド側システ
ムが発行したイベントを購読して、クエリ側シ
ステムが自分たちの都合に合わせてデータを格
納するものです。コマンド側のシステムは任意
のデータストアにイベント情報を格納すればよ
いので、無理やりクエリ用のデータベーステー
ブルにデータを格納する必要がなくなります。

CQRS + ESがもたらす恩恵はコマンド側シ
ステムに対してだけではありません。クエリ側
のシステムにも強力な恩恵があります。先にリー
ドモデルのリセット処理に触れましたが、クエ
リ側のデータを自由に作り直すことができると
いうことです。もちろん、これには一定の計算
資源が必要となるため、並列処理などを活用す
る必要があります。それは難しいように思えま
すが、Axon Frameworkには処理ごとに並列処
理を簡単に開始するAPIがあります（デフォル
トではネームスペース単位で並列処理数を操作
できます）。また、リセット中に起きたイベン

注5) アプリケーション開発の文脈ではオブジェクト指向プログ
ラミングとRDBにおけるデータの扱いの違いを起因とす
る隔たりを指します。

トも時系列に合わせてリセット完了後に処理を行ってくれます。システム影響を考慮する必要はありますが、比較的気軽にリセットが可能なのです。未来のことを考えてテーブルを設計する必要はないのです。

ほかにも、イベントを起因に自由にデータを作れることで、高速化を理由とした正規化しないテーブルも作りやすくなります。リードモデルはイベントの射影でしかないため、1つのイベントに対するリードモデルを用途ごとに複数作ることもできます。

CQRS＋ESを実現するしくみ自体は凝った作りをしていますが、フレームワークを利用してビジネスロジックを組み立てる立場からするとCQRS＋ESの利用は非常にシンプルかつスケーラブルな構成と言えます。

イベントストーミングとイベントソーシング

これまでイベントソーシング図にあらわれるパターンを網羅するように実装を確認してきました。最後にイベントストーミング図と実装を対比して確認していきます。

イベントストーミング図との対比

イベントソーシングのコードを見てみるとイベントストーミング図の付箋とクラスの定義が一致していることに気づきます。

たとえば「支払いする」コマンドはPaymentRequestになり、「支払い処理」集約はPaymentProcessと定義され、「支払いを受け付けた」イベントはPaymentProcessRequestedになっています。ポリシーに関してはわかりづらいですが、PaymentProcessCreditPaymentStepとして定義されています。またこれらの接続に関してもおおまかにパターン化できます。

コマンドの送信につながるパターンは2パターンに分かれます。アクターが送信する場合とイベントをトリガーに送信する場合です。イベントの発行につながるパターンも2パターンです。

集約が発行する場合と外部システムを腐敗防止層でラップして発行する場合です。

付箋はクラスで定義でき、それらの接続は図のパターンによって決まります。具体的な実装は条件分岐などのロジックに細かい違いはあるものの、一定のパターン化が可能です。このパターン化によってもたらされるものが、まさに図とコードの一致の実現です。

図とコードの一致がもたらすもの

図とコードの一致が実現できるようになると、開発者は図とパターンに従って、コードを記述すればよいことになります。たとえばこれまで異なるドメインのシステムを開発してきた開発者がチームに異動してきたとしても、図とコードに関しては同じ記述になるので、すぐにプログラムに取り掛かれるでしょう。

またコードを変更しようとしたとき、それがどの範囲に影響を及ぼすかの調査も簡単になります。イベントストーミング図を見て、変更しようとする対象からどこに矢印が伸びるかを見ればよいからです。

その代償として求められるのは、仕様変更の際には図も更新しなくてはならないことです。これは非常に実現の困難な制約に思えますが、筆者が観測した範囲では低いハードルでした。イベントとイベントをどうつなげるべきかというのを頭の中では整理しきれなくなるからです。イベント駆動アーキテクチャのシステムを開発すると気づくのですが、システムないし処理同士が疎であるため、その連携が1ヵ所に固まっておらず俯瞰できないのです。したがって、図を見ないことにはコードが書けないし、コードを書く前に図をいじってどうなるかを見る癖がつくというわけです。

図を見ないとコードが書けないという状況は開発者の不満につながるのではと危惧することもあるでしょう。しかし、実はそうでもありません。なぜなら、図をちゃんと作ってあれば、あとは図を信じてゴールに向かってコードを記

述するといったように、コーディングに集中できるからです。ペアプロやモブプロを1人で実施していると考えるとイメージしやすいのではないでしょうか。図を書くときはナビゲーターの役割になって、システムをどのように連携するか大局的な構成を考えることに集中します。コードを書く際にはドライバーの役割で、ナビゲーターの指示である図に従って、ひたすらコードを書いていくのです。

もちろん、実際に図を書くのが必ずしも自分であるとは限りません。誰かがイベントストーミングした結果の図をコードに起こす場合もあります。その場合にはドライバーに徹することができ、非常に脳への負荷の低いプログラミングを行うことになります。

フィードバックの動機

図がないとコードを書けないということはフィードバックの動機にもなります。

コードを書いていて、図のとおりに実現すると何かしらの弊害が出ると判明したときには、図の変更をしたくなります。しかし、イベントストーミング図はドメインエキスパートやチームの合意をもって作り上げた図です。この図を変更する際には、場合によってはエキスパートの意見も必要となることがあるでしょう。この意見を吸い上げる際に新たな発見があることもあります。

かくして我々はフィードバックのループに陥り、洗練されたモデルに近づいていくのです。

インフラストラクチャ構成

最後に少し、今回のサンプルのインフラストラクチャ構成について少し紹介します。

Axon FrameworkにはAxon Server[注6]という専用のサーバシステムがあります。これを活用

すると、マイクロサービスのスケーリングやジャーナルの検索、メッセージブローカー機能などをオールインワンで提供します。しかしながら、Axon Serverはお世辞にも一般的ではありません。採用には高いハードルがあります。

幸いなことに、Axon FrameworkはJDBC（Java DataBase Connectivity）[注7]を利用してRDBをジャーナルにできます。また、メッセージブローカーとしてApache Kafka[注8]を利用するプラグインがあります。これらはインフラストラクチャ構成としては一般的といっても差し支えないものでしょう。サンプルにもその構成が利用できる起動設定を盛り込んであります。

実際筆者もプロダクトでは後者の構成で実践しています。ただ、個人のツールでは前者を使っています。組織が挑戦できる環境であれば、Axon Serverを利用したほうが面倒なく管理しやすいです。学習コストの面ではApache Kafkaを一から学ぶより優れています。

まとめ

イベントストーミングはそれ単体でも強力なツールですが、イベントソーシングと組み合わせると効果を最大化できます。図とコードが一致する恩恵は計り知れません。

イベントソーシングは伝統的な手法と異なるため、実現するハードルが高く感じられます。しかし、我々の現実世界はイベントの積み重ねであることを考えると、表現方法としてはステートソーシングよりもイベントソーシングのほうが素直です。今回紹介したAxon Frameworkのように、イベントソーシングの実現を助けるフレームワークは多々存在します。興味が湧いた方は一度手に取ってみることをお勧めします。**SD**

注6） https://developer.axoniq.io/en/axon-server/
overview

注7） https://docs.oracle.com/javase/8/docs/
technotes/guides/jdbc/index.html

注8） https://kafka.apache.org/

第3章

正しく理解したい クリーンアーキテクチャとは何か?

開発に活かせる 設計のエッセンスを探る

ボブおじさんの愛称で知られるロバート・C・マーチン氏が2012年に提唱した「クリーンアーキテクチャ」。2017年に書籍『Clean Architecture』（日本語訳書は2018年）が刊行されたことで注目を集め、4つの円が同心円状に広がる図とともに有名になりました。ですが、用語のとらえ方の違いやその同心円図が一人歩きしてしまったことから、提唱された考え方を理解しにくくなっていることも否めません。そこで本特集では、用語の意味、ブログ記事、書籍、時代背景を振り返りながら、マーチン氏が提唱する設計の考え方をひも解きます。さらに、具体的なソースコードやアプリケーション例を通して、クリーンなアーキテクチャとはどういうものか解説します。全貌を正しくとらえることができれば、自身の開発に活かせるエッセンスが見つかることでしょう。

3-1 クリーンアーキテクチャの背景

ブログ記事、書籍、時代背景から用語の意味を押さえる

Author 田中 ひさてる

P.108

3-2 クリーンアーキテクチャの実体に迫る

関心の分離、あの有名な同心円状の図、SOLID原則の要点

Author 田中 ひさてる

P.115

3-3 ソースコードから理解する

典型的なシナリオからクリーンアーキテクチャのエッセンスを抽出しよう

Author 成瀬 允宣

P.126

3-4 アプリケーションから理解する

密結合→疎結合→クリーンアーキテクチャを体感しよう

Author 中村 充志

P.137

3-5 モバイルアプリ開発における実践

アプリアーキテクチャガイドを起点に現実的な方針を考える

Author 奥澤 俊樹

P.153

第3章

正しく理解したい
クリーンアーキテクチャとは何か？
開発に活かせる設計のエッセンスを探る

3-1 クリーンアーキテクチャの背景

ブログ記事、書籍、時代背景から用語の意味を押さえる

Author 田中 ひさてる（たなか ひさてる）
Twitter @tanakahisateru

ロバート・C・マーチン氏が提唱したクリーンアーキテクチャは、その時代背景や意味のブレから何かと誤解されがちな用語です。これらを整理しておかなければ、あの有名な同心円状の図の意味も正しく理解できません。まずは背景を把握し、「設計」と「アーキテクチャ」の意味を正しく押さえましょう。

クリーンアーキテクチャとは

クリーンアーキテクチャは、決して新しいアイデアではありません。過去の多くのソフトウェア開発手法に共通していた、ある特徴を少々極端に表現した設計の例です。しかし、発表された時代背景のためか、「何を意図してそう呼ぶか」が人によって少しずつ違っているように感じます。そもそも言い出した人でさえ、スコープの違う2つの意味で使っています。

この節では、まず用語の意味がブレないよう焦点を合わせていきます。

ブログ記事としてのクリーンアーキテクチャ

2012年、それまでに登場したいくつもの方法論を見てきたロバート・C・マーチン氏（愛称：ボブおじさん）は、近年登場した方法論はどれも非常に似た目的意識を持っていることに気付きました。これに付けた名前が「クリーンアーキテクチャ」です。

マーチン氏はまず自身のブログ[注1]でこのコンセプトを図1のようにして発表しました。彼が示したこの図は、コンセプトが包括的に示されていた

注1）**URL** https://blog.cleancoder.com/uncle-bob/2012/08/13/the-clean-architecture.html

ので、大変有名になりました。ですが、Web上でこの図だけが一人歩きし、まるで「このとおり作るべきとしたフレームワークの設計図」のような印象を広めるようになります。本当の主張は、この図ではなく、ブログ記事のどんでん返し展開のほうに書かれていました。

クリーンアーキテクチャとは「このコンポーネント配置の様子に直接対応する言葉ではない」と記事内で明確に述べられています。

Only Four Circles?
No, the circles are schematic.
（筆者意訳：4つの円じゃないとダメなの？いや、この円はコンセプトを伝えるための方便だ。）

▼図1 コンセプトとして発表された図

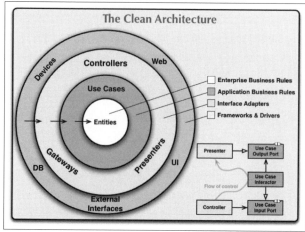

出典：注1のブログ記事

108 - ［入門］ドメイン駆動設計

図1はあくまで象徴的な例であり、これがクリーンアーキテクチャという名前を持つ定まった方法論というわけではない点を、よく意識することが重要です。マーチン氏がこの例示で伝えようとしたコンセプトは、ごくわずかな、けれども重要で普遍的な発見です。要約すると、次のような内容です。

・ソフトウェアの構造には意識の異なる複数の領域がある
・領域のレイヤー関係は常に、詳細から主題へと一定の方向に依存する

この構造を実現するには、依存の向きをあるべき方向へコントロールするテクニックが要所で効いてきます。

このことは、すでに執筆済みだった『アジャイルソフトウェア開発の奥義』[注2]で解説される原則に一致することの再発見でもありました。彼にとってクリーンアーキテクチャの図は、書籍よりも効果的に原則を伝える良い代替手段だったのでしょう。

ブログ記事に書かれた円の解説は、とくに目新しい画期的なアイデアというわけではありません。本質的にそれは2002年に出版した本の言い直しです。また、10年の間に登場したアイデアに繰り返し見られた特徴の再確認です。

図1の詳しい読み方は3-2節で解説します。

書籍としての
クリーンアーキテクチャ

マーチン氏はクリーンアーキテクチャのコンセプトを発表したあと、同じ名前の『Clean Architecture』[注3]という本を執筆しました。ですが、じつはこの書籍の中でクリーンアーキテクチャと名付けられた章は、全33章あるうちのたった1章だけなのです。

この書籍では前半のほとんどが、オブジェクト指向プログラミングのSOLID原則と、パッケージの原則の解説で占められます。また、後半の根底にあることは、当時のフレームワーク依存の風潮に対する批判になっています。クリーンアーキテクチャそのものの解説は、前半と後半の間にちょっとした総括のような位置付けとして登場します。

クリーンアーキテクチャには、目新しい取り決めがとくにありません。個々のプログラマーが「なぜ優れたアーキテクチャには共通性があるのか」を自分で考えて腹落ちさせることが肝心です。この本は、その背景理解に「技術書丸一冊を費やして語りたい」という経験の積み上げがあったということを物語っています。

SOLID原則とクリーンアーキテクチャの関係も3-2節で解説します。

クリーンアーキテクチャが
登場した時代背景

2010年前後のWeb開発界隈は、Ruby on Railsのスタイルを引き継いだフレームワークの絶頂期でした。このタイプのフレームワークは、データベースのCRUD（Create/Read/

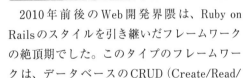

COLUMN

書籍の章立てについて

書籍『Clean Architecture』では、オブジェクト指向の原則が「設計の原則」と言い換えられています。また、パッケージの原則も「コンポーネントの原則」という呼び名になっています。

この本ではオブジェクト指向プログラミングについて、「関数ポインタの安全でカジュアルなバージョンだ」程度の意味合いで、抑え気味に書かれています。拡大解釈されがちなオブジェクト指向という用語に読者が惑わされないようにという配慮かと思われます。

名称は変更されていますが、意味は『アジャイルソフトウェア開発の奥義』に登場したものとまったく同じです。

注2）瀬谷 啓介 訳、SBクリエイティブ、2008年（第2版）。原書は『Agile Software Development』（2002年）。
注3）角 征典、髙木 正弘 訳、アスキードワンゴ、2018年。原書は2017年。

Update/Deleteの操作）を基本軸として、簡単なアプリケーションの生産性を高めることを主眼に置きます。Model、View、Controllerといった決まった名前のフォルダに、決まったルールでファイルを配置することで、データの読み書きのためのMVC（Model View Controller）がすぐに提供されます。

厳密に言うと、MVCはGUIの歴史の最初期からあり、70年代のパロアルトにまでさかのぼります。パソコンのデスクトップGUIで活躍したあと、マーチン・ファウラー氏によってWebアプリケーションの設計パターンにも持ち込まれました。この時点まではまだGUIの設計方針を意味していたのですが、10年ほどの間にいつしかMVCは「Webアプリの作り方のうち、出来合いの骨組みを元にコードを肉付けする」という、ポストRailsフレームワークのスタイルを意味するようになります。

この潮流に対して、「ソフトウェアを設計するというのは、こんなやり方とはまったく逆のことだ」とRails以前のスタイルにあらためて注目するトレンドを生み出したのが、クリーンアーキテクチャとその支持者たちでした。

クリーンアーキテクチャの図（**図1**）では、フレームワークはアーキテクチャの中心から最も遠いところに置かれています。いわゆるMVCフレームワークが提供してくれる機能は、便利ですが、すべての開発者にとって良薬とは限りません。強い依存は、個々のソフトウェアが目的に合わせてアーキテクチャを設計することを暗に制約してしまいます。

書籍『Clean Architecture』は、この不自由さの問題に無自覚な開発者（Web開発からプログラマーを始めた若手に多い）に、10年前（2002年ファウラー氏の『Patterns of Enterprise Application Architecture（PofEAA）』とマーチン氏の『アジャイルソフトウェア開発の奥義』が出版されたころ）の時代への、原点回帰を促すことになりました。

アーキテクチャとソフトウェア設計

私たちはソフトウェアを作るときのアイデアを「設計」と呼びます。しかし、雑に「設計」とだけ言ってしまうと、単純作業以外のすべてを含んでしまいます。焦点がブレたままでは言葉の意味が正しく伝わりません。少し掘り下げたところからお話ししましょう。

コンセプトレベルの設計

私たちが開発するアプリケーションには、対象ドメイン（問題領域）があります。ドメインは、アプリケーション開発の存在理由そのものと言ってもいいでしょう。使われるプログラミング言語やフレームワークが少々変わっても、本質的に変わらない「作る意味」がそこにあります。

そのような意味の世界は、直接目には見えません。システム化にあたって、うまく概念をモデル化するのが肝心です。設計（デザイン）とは、モデル化（現実をデフォルメした模型）によって、あいまいなコンセプトに形を与えることだと言えるでしょう。

このとき、問題にとって最適な形式言語――できれば実行して検証可能なプログラミング言語を使うのが、現在のトレンドです。昔と違って今は、誰でもプログラムでロジックを表現して、手元で検証できます。

研ぎ澄まされた基本コンセプトは、そう簡単にブレることはありません。たしかに、システムを運用しているうち、あるいは開発中にも、差分的に改善は発生するでしょう。しかし、これだと固まったコンセプトがひっくり返ることはありません。変化しない本質を見極めて、プログラミング可能なモデルに（おそらく本当にプログラミング言語で）固めるのが、コンセプトレベルの設計になります。

コードレベルの設計

プログラミングは、誰でもできる機械的な作

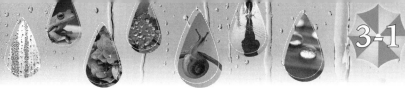

業ではありません。部分部分のコード詳細もま
た設計を持っています。

どんなに立派なコンセプトも、プログラミン
グ言語を使って動くコードに落とし込まなければ、
何の役にも立ちません。とくに、アプリケーショ
ンの中心的なコンセプトを表したモデルのコー
ドはとても重要です。コンセプトレベルの設計は、
意外にもコーディングに直結しているのです。

もちろん、コードレベルの設計は、中心的な
部分にかぎらず、どんな些細な部分にも活きて
きます。アプリケーションは、必要なプログラ
ムコードがすべて正しく記述されなければ動き
もしないのですから。

プログラムコードは、ただやみくもに動くよ
うに試行錯誤すればよい、というわけではあり
ません。再現性のない作り方をした箇所は、動
作しなくなることを恐れて、誰も修正したくな
い魔の領域になってしまいます。プロジェクト
の途中でそんなコードの魔窟を生んでしまうと、
完成が遠のきます。意図どおりに読み書きでき
る状態を維持するために、コードの記述にもデ
ザイン性が求められます。

このように、同じ「設計」という言葉でも、
言う人によってまったく別の意味を指します。

コードの設計品質は
妥協できる

本記事で大きく「コンセプト」と「コード」に
分けたのは、変更のしやすさが決定的に違う点
に着目するためです。コーディングの問題は、
コンセプトの問題と比べて非常に局所的（である
べき）で、変えやすいという特徴を持っています。

現代のソフトウェアは、さまざまなコンポー
ネント（部品、パッケージやモジュールなどの
言い方もある）の集合です。うまくまとめられ
たコンポーネントは、ほかの部分への影響をあ
まり意識せずに、違う作りのものに置き換える
ことができます。

同じ機能を担保したまま、コードレベルの設
計を改善する行為をリファクタリングと呼びま
す。内部実装が読み書き困難なコードで書かれ

ていても、リファクタリングで挽回できると言
えるうちは、まだ深刻な問題ではありません。
必要に応じて返済できる、戦略的に借り入れる
タイプの技術的負債です。コード品質にはある
程度の妥協があります。

ですが、リファクタリングは往々にして、つ

COLUMN

プレハブの良さ、
注文住宅の良さ

ソフトウェア作りにあまりデザインセンスを
問われない場合もあります。いちいち本質から
考え直さなくても、役に立つアプリケーション
を作れる場合は多くありますが、それが可能
なのは、カバー範囲の広いフレームワークが
すでに汎用的な設計を作ってくれているおか
げです。この認識は設計にとって重要な鍵です。

「上手なRails使いは、プログラムを業務に
合わせるより、業務をレールに合わせるほう
を選ぶ」と冗談を言われることがあります。
ある意味もっともです。作ることがコストなら、
すでに作られた汎用的なものを流用して使い
方を覚えるほうが、コストパフォーマンスの
観点で良い戦略です。

しかし、短期的にはそうであっても、長い
目で見ると、現実が無理をしてシステムに合
わせるのはコストパフォーマンスを向上させ
ないかもれません。未知の問題に対処すると
きは、レールとレールの間にオフロードがあ
ると考えたほうがよいでしょう。あえてその
荒れ地に独自の道を引いて総合的なコストを
下げるのが、設計の仕事の醍醐味です。

クリーンアーキテクチャは、初心者が既成
のレールに乗せられていることを自覚してい
なかった問題を明らかにしました。レールに
乗らない業務と、フレームワークとのギャッ
プがあるときこそ、コンセプトレベルで再設
計するときだという（ベテランがかつてやっ
てきた）道をあらためてWeb開発者に示しま
した。

まらない理由で急激に困難になります。連動して変更しなければならない箇所が多すぎたり、変更箇所は少なくてもほかの部分にどんな影響が出るかわからなくなっていたりすると、気軽に直せなくなってしまうのです。これは妥協できないポイントです。

コードレベルの設計に意識を集中しすぎると、「木を見て森を見ず」のような意識に陥ってしまうかもしれません。コードはなにせ量が多いので、重要度によっては、ある程度の技術的負債を受け入れられるものと考えましょう。妥協を許さないのは、重要なところだけです。

アーキテクチャレベルの設計

「アーキテクチャ」とはなんとも雄々しい豪華な呼び名ですが、その設計はユーザー価値を直接生み出しません。前述したコンセプトレベルの設計とコードレベルの設計は、ユーザーの価値に直接貢献する重要な要素です。ユーザーがアプリケーションを使う意味と、そのアプリケーションが本当に動くことを、直接的に支えるからです。建物に例えれば、こんな家で暮らしたいという欲求の満足と、家屋が実際に十分な生活用品を備えていることに相当します。

「いや、アーキテクチャがむしろ建築のことなのでは?」と思われるかもしれません。はい。ソフトウェアのアーキテクチャ設計はまさに、建築技術にあたります。建築学的な良し悪しは、そこに暮らす人に直接的な恩恵をもたらしません。しかし、理解されにくいからといっていいかげんな建築をすると、なぜか暮らしていけない家になります。プロの建築デザイナーは、素人では気付かない強度問題や生活動線を知っているのです。

SOLID原則はクリーンアーキテクチャの本で「設計の原則」と呼び替えられています。アーキテクチャもまぎれもなく設計ですが、それは建築物の例えのような脇役です。次のようなコンセプトとコードを支える構造が、アーキテクチャ設計に課せられた課題です。

・何者にもコンセプトコード記述を阻害させない
・各部に品質のムラがあっても、ダメージを最小化して長持ちさせる

データベースとの通信やユーザーインターフェースを扱う技術は、機能を実現するうえでとても重要ですが、その「使い方」が「作り方の軸」になると、ドメインの事情は技術詳細の中に散り散りに埋もれてしまいます。ファウラー氏はそのような状況を「ドメインモデル貧血症」と名付けました。

技術詳細に煩わされないようにするには、ドメインモデルの持つ大事な抽象概念を抜き出し、詳細から独立した純粋なモデルコードにしておく必要があります。よりコンセプトレベルに近いそうした設計に、詳細が後からついてくる形にするのです。

詳細同士もまた、互いを壊し合わないようにしないといけません。ソフトウェアの開発は毎日が変更の連続です。CI (Continuous Integration：継続的統合) は、結合のミスにすぐに気付くためのアラートでしかありません。結合しなくても、部分部分の正しさを独立して保証しておくことは、複雑なソフトウェアの開発にかなり効いてくるテクニックです。

閉じた中での部分的な間違いが、ほかの部分の修正に波及しにくい構造を確保しておくと安心できます。また、部分を分離し、修正済みのものと透過的に交換できるようになっていると、作業をスムーズに進められます。

アーキテクチャレベルの設計は脇役ですが、その良し悪し（というよりプロジェクトとの相性）は、思いのほか開発コストに効いてきます。

設計とアジャイル開発の関係

前述のように、書籍『Clean Architecture』の10年以上前に同じ著者の書いた『アジャイルソフトウェア開発の奥義』（原題はAgile Software Development, Principles, Patterns, and Practices）は、大部分が同じ内容でした。

なぜアーキテクチャ設計がアジャイルにつながるのでしょうか？

　2000年頃から始まったアジャイルムーブメントによって、ソフトウェアの開発に銀の弾丸がないことがあらためて強調されました。ソフトウェアとは、本質的に柔軟で形のないもののことです。製造業のように、凡庸な工具を寄せ集めて生産性を得られるのではないか、といった思想は否定されました。ソフトウェア開発は、個々の職人が、勘と経験で未知の問題に挑む仕事とみなされるようになります。

　しかし、「ただコンセプトが良ければよい」「コードをきれいに書けばよい」とやみくもにやる方法では、すぐに息切れします。努力と根性の精神論になってしまうと、それを支える人間がついていけません。

　限られた数の職人が存分に腕をふるうには、あちこちのソースコードの行き来や、変更影響の複雑さといった、「余計な負担を減らすための枠組み」が大きな助けとなります。仮に多くの職人を確保できたとしても、全員が寄ってたかって同じところでコードを書くと、変更を取り合いしてしまいます。小さく分割統治できるよう分けてあることが重要です。

　高いお金を払って優秀な職人を雇うのは、雑用の負担を背負わせるためではありません。腕の立つ職人に本当に活躍してもらいたいステージは、コンセプト的なひらめきと、確かなコードによる実現です。そのため、アジャイル成功の必要条件は、無駄な負担を戦略的に減らすアーキテクチャ設計になってきます。

ドメイン駆動設計とクリーンアーキテクチャ

設計を重視する時代の再来

　エリック・エヴァンス氏の『ドメイン駆動設計』[注4]が再注目された時期と、クリーンアーキ

注4）今関 剛 監修、和智 右桂、牧野 祐子 訳、翔泳社、2011年。

COLUMN

アーキテクチャ宇宙飛行士

　ジョエル・スポルスキ氏は次のような考え方を「アーキテクチャ宇宙飛行士」と揶揄しました。

> 「私はソフトウェアの設計に詳しいんだ。つまらない業務の実装なんて、誰かほかの人がやる仕事にしてやれ。業務なんて知らなくても、すごいアーキテクチャの設計だけやって上に立ちたい」

　宇宙飛行士は、たしかに並の人ではできない高度な技能を持つ選ばれしエリートです。ですが、それを鼻にかけられても、宇宙飛行（現実離れした高みに行って地に足がついていない）は地上では何の役にも立ちません。

　いくらソフトウェア開発にとってアーキテクチャ設計が重要だと言っても、あくまでそれは、主役を活かすための舞台装置です。より重要なのは、アプリケーション固有のコンセプトを実装コードの確かさで支えることです。クリーンアーキテクチャを提唱したマーチン氏は、体制や形式よりも、個人と現実を重視するアジャイル開発宣言の支持者です。

　アプリケーションの対象ドメインにとって何の役にも立たない理論は、どれだけ崇高でも無用の長物です。クリーンアーキテクチャが非常にコンパクトでエッセンシャルな主張なのは、そのような意味もあるのかもしれません。

テクチャという言葉が広まった時期は重なります。日本ではとくに、翻訳本が出版されたのが原書出版の約10年後の2011年だったという事情もあります。

　ドメイン駆動設計（DDD）の登場はかなり早く、エヴァンス氏の本は2003年の出版です。ファウラー氏の『PofEAA』が出版された直後でした。DDD登場のすぐあとに起きた出来事がRuby on Railsのリリースです。Railsは、既成の規約に従えばアーキテクチャを自作しなくても済むフレームワークとして、それまで構築作業の面倒が多すぎたWeb開発（大げさなベンダー技術ビジネスのせい）に新しいトレンドを生み出しました。

その後約10年の間、DDDやPofEAAは少数派として影を潜めていましたが、長く使われたWebシステムが肥大化するとともに、メンテナンスの負担が増大してきました。それぞれのアプリケーションには、根本的に異なるドメインモデルがあるべきなのではないか、また、ドメインモデルに適したアーキテクチャが必要なのではないか、という考え方が徐々に復活してきます。クリーンアーキテクチャも、この流れの1つとして提唱されました。

開発者が自分たちの活動のどの部分をドメイン駆動設計と呼び、どの部分をクリーンアーキテクチャと呼ぶかを取り違えないように気をつけないといけません。

ドメイン駆動設計（DDD）とは

DDD[注5]は、まずドメインモデルを際立たせ、それがプロジェクトを牽引するべきという思想です。コードによるモデリングを中心とし、顧客との反復的な対話を通じて、モデルに表された要求を洗練していくことがDDDの活動です。

この反復的な試行錯誤を行うには、モデルの推敲を阻害する要因を遠ざけておく必要があります。そうした動機から、詳細を抽象化するパターンがおのずと採用され、追いかけるかたちでシステムを形作ります。

本記事で言うところの「コンセプトレベルの設計」と「コードレベルの設計」に先に着目するのが、DDDの意味合いです。

ドメインモデルの反復的な洗練に必要だからという動機なしにDDDの本に書かれたパターンをやみくもに取り入れようとすると、「アーキテクチャ宇宙飛行士[注6]」になってしまうおそれがあります。たとえば、「単体テストのカバレッジスコアを上げやすい」などはドメインを無視した動機です。そんな間接的なメトリクスのスコアを稼ぐより、まず自分がドメインに向き合っているのか考えたほうが、よりDDDらしいと言えるでしょう。

クリーンアーキテクチャとの区別

DDDはプロジェクトのポリシーです。クリーンアーキテクチャの特徴があちこちに現れてきますが、クリーンアーキテクチャという呼び名は、結果として構築された（しようとしている）形を静的に評価したときの様子にあたります。

両者は、同じものを別の側面から見ているものかもしれませんし、違うかもしれません。DDDではないけれどクリーンアーキテクチャと呼べる場合はあります（ただ、クリーンでないDDDはつらすぎるので私は遠慮しておきたいです）。視点が直交する言葉として、何を言い表したいかに応じて使い分けるのが良いでしょう。

混同されやすいのは、設計を与えてくれる既製品フレームワークがあまりにも普及しすぎたこと、また無意識にそういうものだと最初から学習してしまった新規参入開発者の数が原因です。イージーなフレームワークをそのまま使うのをやめようと言いたいだけのことを、人によってはDDDと言ったり、クリーンアーキテクチャと言ったりしているように見受けられます。

「自分がうまくいかないのは、採用した技術やパラダイムのせいだから、その逆をやればうまくいくんだ」と、実践する前から良いものだと信じてしまう気持ちは、原義を超えたブランド崇拝になってしまいかねません。注意しましょう。適切なコミュニケーション用語を設けないのは、DDDのプラクティス「ユビキタス言語」にも反します。 **SD**

注5）DDDについては本誌2023年2月号第1特集の「ドメイン駆動設計入門」でくわしく解説しています。

注6）コラム「アーキテクチャ宇宙飛行士」を参照。

3-2 クリーンアーキテクチャの実体に迫る

関心の分離、あの有名な同心円状の図、SOLID原則の要点

Author 田中 ひさてる（たなか ひさてる）
Twitter @tanakahisateru

いよいよ本節でクリーンアーキテクチャの実体をひも解いていきます。関心の分離の鍵となる3つの性質、「典型的な例」と言われる同心円状の図、さらに、じつは書籍でていねいに解説されているSOLID原則を説明します。また、筆者が実務で具体化したクリーンアーキテクチャの模式図を紹介します。

関心の分離とは

あの有名な4つの円の図を見る前に、まず**関心の分離**とは何かを体系的に認識しておく必要があります。鍵となる**凝集性、結合性、依存性**の3つの性質をまず押さえましょう。

凝集性

関係の強い要素がまとまっていて、関係の弱い要素が離れている度合いのことを**凝集度**と呼びます。データベースとの通信がうまくできるかという関心は、WebページのUIについての関心とはまったく関係ありません。双方の実装は、まったく別のグループ（パッケージあるいはコンポーネント）に属すのが普通です。

オブジェクト指向プログラミングでは、オブジェクトにメソッドを持たせることができます。この言語機能は、一見データに関係する処理を集めやすくして、凝集度を高めるのに役立つように見えます。しかし、オブジェクトにメソッドを随時書き足していく行為は、逆に凝集性を台無しにすることがよくあります。

オブジェクトに関係する処理のすべてをそのメソッドとして追加していくと、たとえばUserクラス（「ユーザーは○○できる」という仕様の主語）が、システム内のほかの要素のあらゆる操作権限を持つような形になってしまいます。

すべてをつかさどるUserは、さすがに極端な例だと思うでしょうが、同じような「けじめ」の欠落は、気付かないだけで案外多く眠っています。よく注意して見てみると、どんなプロジェクトにも、何の関係も持たないものが同じモジュールの中に混在していたり、強い関係を持つものを別のモジュールに分けて入れてしまったりしている箇所がいくらか出てきます。

結合性

凝集性を十分に（完璧でなくてもいいけど妥当なレベルで）意識した分け方ができていたとしても、せっかくの仕分けが台無しになることがあります。責務の異なる複数のグループ内の要素同士が、つまらない理由で強く関係付いてしまっているせいで、グループ同士が「二つで一つ」のような形になることがあります。そのようなグループの癒着は、凝集性の観点ではなく、結合性に問題がある状況だと言えます。

グループ間に結合関係が多くあると、互いに影響を与えすぎることになります。本当に意味のある凝集度の高さを得るには、まず限られたポイントでだけ結合するようにしなければなりません。

そのうえで、結合ポイントの特性を健全化します。「疎結合」「密結合」という言葉を耳にしたことがある人も多いのではないでしょうか。**密結合**（コードを書き換えないと結合先を変更できない）でよい部分と、**疎結合**（コードを書

き換えずに結合先を変更できる）でなければならない部分を、適切に決めていく必要があります。

依存性

結合は、「あるモジュールAから見てモジュールBは必要だけれど、モジュールBはモジュールAなしで独立して成立する」という一方的な関係だけにしていくことができます。この「必要とするほうから必要とされるほうに向く関係」のことを依存性と呼びます。モジュール間の結合に**依存の向き**があることは、たいへん重要なことです。

うまく分けて作っているつもりでも、依存先のコンポーネントに仕様変更が起きると、途端に自分のプログラムが正しく動かなくなります。頻繁に変化するものに依存すると、「何もしていないのに壊れた」がしょっちゅう起きることになります。

また、ほかの多くのモジュールから使われて（依存が集まって）いそうな箇所（自分が呼び出したものの定義元はわかりやすいが、自分が他所からどれだけ使われているかはわかりにくい）を変更すると、変更影響が連鎖して、まったく

関係のない部分で尻拭いのような修正をする羽目になるかもしれません。

最悪なのは、依存による変更の連鎖の発生源が、自分ではコントロールできない外部の事情で強制されるものだったときです。「サードパーティライブラリのセキュリティ修正をしようと思ったら、新しいバージョンでは機能仕様が変わっていた」といったことが起きると、ビジネスニーズとまったく関係ない無駄な作業が発生します。

この、最後にたどり着く「依存性による変更影響ダメージ」をいかに減らすかが、アーキテクチャ設計に課せられる課題です。アーキテクチャ設計において、「密結合を避けて疎結合にしておきましょう」と言われるポイントは「実装詳細への依存」です。影響を切り離したいところでは、実装の詳細に依存するのを避け、プロトコル（インターフェース仕様）でやり取りします。

「典型的な」クリーンアーキテクチャの例

ついに4つの円（**図1**）を解説するときが来ました。

▼図1　クリーンアーキテクチャの図※

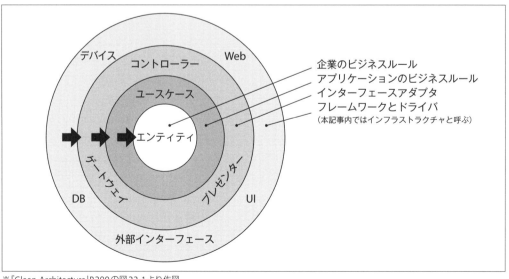

デバイス　コントローラー　Web
ユースケース
エンティティ
ゲートウェイ
DB　プレゼンター　UI
外部インターフェース

企業のビジネスルール
アプリケーションのビジネスルール
インターフェースアダプタ
フレームワークとドライバ
（本記事内ではインフラストラクチャと呼ぶ）

※『Clean Architecture』P.200の図22-1より作図

各円を個別に解説する前に見ておくべきなのは、円の内側に向かう矢印です。この矢印はレイヤー間の**依存の向き**を表しています。外側は内側のものを必要としますが、内側から外側を必要とすることは一切ありません。この関係において、より内側にどんな関心を置き、より外側にどんな関心を置くのが「典型的な例」なのかを見ていきましょう。

エンティティ

最も内側には**エンティティ**があります。ドメイン駆動設計（DDD）ではここに「ドメイン層」という名前を付けています。マーチン・ファウラー氏も『PofEAA』の中で「ドメインモデル」と呼びました。当時ファウラー氏のドメインモデルは素朴なオブジェクト指向を指すイメージでしたが、現在のDDDは関数型のプログラミングも受け入れています。

エンティティと聞くと、データベース用語を思い出す方も多いかもしれませんが、ここで言うエンティティは、どちらかといえば哲学の存在論（オントロジー）のようなものだと考えてください。

ここでは、アプリケーションの実行環境の事情をすべて忘れ、モデリング対象にのみ関心を払ってプログラミング言語を使います。オブジェクト指向でも関数型でも、現実の問題をうまくモデリングしてシステムにつなげられそうなら何でもかまいません。よそで語られる一般論よりも、ドメイン固有のコンセプト設計への忠実さが占める割合がはるかに大きい領域です。

表現することはデータ構造だけではありません。アプリケーション内のどこから見てもそうとしか言えないような、普遍的な概念関係とロジック（商品と数量によって会計が生成されるなど）を確立しておく作業も含まれます。とにかく、アプリケーションの核となる普遍的な要素を列挙して定義するのが、エンティティの役目です。

アプリケーションコンテキスト内のほかのすべての要素は、このエンティティに依存します。

ユースケース

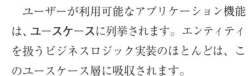

ユーザーが利用可能なアプリケーション機能は、**ユースケース**に列挙されます。エンティティを扱うビジネスロジック実装のほとんどは、このユースケース層に吸収されます。

ユースケースの作り込みが、エンティティのコードに影響を及ぼすことがあってはなりません。ユースケースは一方的に、エンティティに依存するように設計されなければなりません。

ですが、これは「結果としてそうした形に落とし込むべきゴール」です。最初から完全なエンティティを作れるのは予言者です。現実的には、ユースケースは、エンティティにとってテスト駆動開発におけるテストケースのリアリティになります。ユースケース固有の事情をエンティティから引きはがしたり、共通性をエンティティに格上げしたりしながら、モデルを洗練させます。

また、ユースケースのコードは、ドメインと関係のないコンピュータシステムの事情の影響を受けません。どんなデータベースを使うのか、どんな画面なのか、そもそもプラットフォームデバイスは何か、そういった要素はすべて抽象化し、意図的に排除して記述します。

技術の詳細を持たないことで、エンティティとユースケースの試行錯誤は、純粋なロジックだけの世界に閉じます。論理的なレベルのコードなら、リファクタリングと同じぐらい、テスト駆動開発で気軽に書き換えが可能です。しかし、システムの実動作の心配に巻き込まれる（SQLがどう変化するかなど）と、変更したくても気軽にできなくなってしまいます。

インターフェースアダプタ

3番目の層には、コントローラー、プレゼンテーションモデル、何かしらのゲートウェイなど、アプリケーション構築に関わる雑多な要素が入ってきます。この層の役目は、ビジネスの

都合で書かれたモデルから、コンピュータの都合で書かれたモデルへの変換です。

この層が**インターフェースアダプタ**と名付けられているのは、関心事の変換が最重要ポイントだからです。インターフェースアダプタの層は、エンティティとユースケースを知っています。また同時に、実行可能なアプリケーションプログラムとしての事情も持ちます。片方は純粋なビジネスロジックだけの世界のソケットで、もう片方はコンピュータの世界とのソケットになっているという、インピーダンス変換器のイメージです。

データに関して言えば、ビジネスロジック上のステート変化が、RDBMSとの同期に変換されます。SQLによる問い合わせ結果からエンティティを再現する向きの変換を行うのもこの層です。ユースケース層におけるトランザクションは、論理的なビジネス取引を意味していますが、インターフェースアダプタでは、データベース並列操作の隔離を意味することになります。

ユーザーインタラクションに関して言えば、意味表現に適したミニマムなモデルが、画面表示や操作に適した、リッチなモデルに変換されます。入力形式がテキストフィールドなのかチェックボックスなのかの区別、HTTP送受信形式データの妥当性検証などは、意味モデルとシステムの両方の世界を知っている層の役目です。

ただし、インターフェースアダプタはあくまでアダプタです。機能実体そのものではないので、実際にデータベースと通信したり、具体的なHTMLを出力したりはしません。そういった技術詳細は多くの場合、ユーザーの要求とはまったく関係のない理由での調整が必要です。インターフェースアダプタは、外の技術的な理由からの変更影響を受けない抽象度で安定させます。

インフラストラクチャ

この層は原文では「フレームワークとドライバ」となっていますが、少し意味が限定的なので、DDDの用語を借りて**インフラストラクチャ**と呼ぶことにします。原文で最も誤解を招きやすいのがこの層の解説なので、よく注意する必要があります。

インフラストラクチャは、技術的な変更理由をすべて受け持つ層です。インターフェースアダプタで抽象的に表された技術的な知識は、インフラストラクチャによって具体化されます。フレームワークライブラリ、ツールキット、SDKなど、コンピュータの事情を取り扱うことがおもなインフラストラクチャの仕事になってきます。

誤解してはいけない点は、インフラストラクチャが、データベースドライバそのものやWeb-UIフレームワークそのものではない点です。原文には「このレイヤーには多くを書かない」とあります。でも、データベース自体あるいはWebフレームワーク自体は、相当多くのコードを持つはずです。おかしいですね。これが誤認を避けるヒントです。インフラストラクチャが持つ責務は、それら自体ではなく、外部にあるそれらとの「接続」なのです。

現代のソフトウェア開発には、数多くの優れたサードパーティ製品や外部サービスが利用されます。それらの製品は、ユーザー開発者が作ろうとしているプロダクトとはまったく異なる、それぞれのドメインモデルを持ちます。インフラストラクチャに書くコードは、そうした別のドメインにある外部システムとの愚直なアダプタ実装です。「多くを書かない」というのは、「ここにはもうアプリケーションの本質に関わるようなクリエイティブなロジックを書く余地などほとんどない」という理屈の言い換えなのです。

インターフェースアダプタの層がアプリケーション内の意味レベルの変換器だとすれば、インフラストラクチャ層は、アプリケーション外との技術レベルの変換器です。インフラストラクチャは、インターフェースアダプタが抽象化した技術的課題に対し、外部ライブラリを利用

して、その実装を埋めるものになります。

インフラストラクチャは、アプリケーションに適した技術的抽象と、機能を実現する外部のシステムの両方に依存する、依存階層の最底辺です。インフラストラクチャの事情は、内部への変更影響を一切生み出しません。インフラストラクチャの対象物は、開発対象のドメインとまったく異なる理由の変更影響を持っています。外部の圧力による変更理由のほとんどは、インフラストラクチャに吸収させるのです。

あくまでこれは「例」にすぎない

上記の解説のとおりに作ることだけがクリーンアーキテクチャの実践ではありません。この4つの層を使って表したことは、あくまで「典型的なパターン」にすぎないのです。あまりにも乖離しているのはクリーンアーキテクチャではありませんが、そっくりそのまま同じでなければクリーンアーキテクチャでないと考えるのも誤りです。

依存の向きが中心にのみ向かう4つの円から何を読み取るのか、次の2点がクリーンアーキテクチャの最重要ポイントです。

・外向きの依存がまったくないことで、どんなメリットを得られるのか
・当たり前のように言われている依存の向きのコントロールをどうやって実現するか

ちなみに、層状に分けることに関して言えばオニオンアーキテクチャと同じです。依存方向のコントロールに関して言えば、ヘキサゴナルアーキテクチャの「ポート＆アダプタ」というアイデアと同じです。単にアーキテクチャのルールに従って作りたいだけなら、クリーンアーキテクチャなどという呼び名を使う必要はありません。オニオンやヘキサゴナルのほうが呼び名として適しています。

クリーンアーキテクチャという呼び名は、「あなたはここから何を読み取り、あなたのプロダクトにどんなアーキテクチャを作りますか」と

いう指針だけを示します。哲学的な言い方をすれば、「アーキテクチャのアーキテクチャ」のようなメタな意味合いの言葉だと言えます。

レイヤー分けより責務の分離

クリーンアーキテクチャ自体には、「レイヤー分けの依存はより内部に向く」というシンプルなコンセプトしか含まれていません。一方、書籍『Clean Architecture』では、このレイヤーの解説後、プロジェクトのフォルダ構造が技術的な理由で決まることに対する強い批判が展開されています。

クリーンアーキテクチャが示しているレイヤーは、あくまで依存グラフに見られる特徴です。レイヤー名と同じ名前の4つのフォルダを設けようとするのは、本に書かれた「誰も彼もが同じフレームワークを使っている業界への皮肉」そのものです。マーチン氏は「プロジェクトルートにModel、View、Controllerというフォルダがあって、中に無造作に何でも詰め込まれていると、何をするアプリケーションのプロジェクトなのかわからない」と書きました。まさにこれと同じことをやってしまっては、何の意味もありません。

本には「アーキテクチャはなんと叫んでいるか」というフレーズが記されてれています。レイヤーどおりの区分けを手作りするぐらいなら、実績があってよく知られたフレームワークの配置ルールに従うほうがマシかもしれません。固有のアーキテクチャ設計を持つと決めたなら、プロジェクトのフォルダ分けで優先するのは、それが何のアプリケーションであるかを一目で理解できるようになっていることです。

結合性は水平と垂直で考えます。クリーンアーキテクチャのルールに従うなら、水平方向の結合（たとえばユースケースのグループ同士の絡み合い）よりも、垂直方向の結合（たとえばユースケースとインターフェースアダプタ）の扱いのほうが簡単です。垂直の依存にはすべて明確な指針が与えられるからです。水平方向にはそ

▼表1　SOLID原則

原則	内容
単一責任原則（SRP）	モジュール設計の刻みは責務（変更理由）と1：1にする
開放閉鎖原則（OCP）	本体をまったく書き換えせずに拡張できるようにする
リスコフの置換原則（LSP）	透過的なモジュール置き換えには完全な挙動互換性を持たせる
インターフェース分離原則（ISP）	利用者が依存するインターフェースは最小にする
依存性反転原則（DIP）	制御と依存の向きが逆になるのは普通のことだと理解する

れがありません。水平方向に関しては、無駄な結合を可能な限り避けるべきです。

　書籍『Clean Architecture』で総合的に語られた内容を極端に単純化すると、「水平・垂直の責務分離の両方が大事だ」と言えるでしょう。

SOLID原則の要点を押さえる

　SOLID原則は、有象無象、千差万別になった高級なオブジェクト指向方法論への一発のカウンターパンチでした。2000年～2002年ごろまとめられたそれには、たった5つの現実的な原則（表1）しか含まれていません。オブジェクト指向プログラミングで説明されていますが、言っていることは設計の一般原則です。オブジェクト指向の普及以後のどんな方法論にも共通するエッセンスです。

　書籍『Clean Architecture』で最も丁寧に章立てされ、ページ数が割かれているのは、このSOLID原則の解説です。ここでは、とくにクリーンアーキテクチャに関わると思われる2つの原則（単一責任原則、依存性反転原則）をピックアップします。サンプルコードで原則を理解

していきましょう。

単一責任原則（Single Responsibility Principle）

　単一責任原則は、これ以上分割できないと言える最小の責務単位と、1つのモジュールの粒度をきっちり一致させるべきだという原則です。1つのモジュールにいくつもの責務を集めてしまってはいけません。また、分けようのないはずの関心がいくつものモジュールに散り散りに存在していてもいけません。

　たとえば、あるメーカー製品の販売店向けシステムのユースケースを考えてみます。メーカーは製品を入庫します。販売のときは在庫から取り出します。ユースケースの部品として、在庫を管理するオブジェクトをリスト1のように設計するのは、単一責任原則にのっとっているでしょうか。

　「入庫処理と販売処理は同じデータベーステーブルを使う」という点を先に意識してしまうと、モジュールの責務単位をデータの種類とその操作で考えてしまいます。そんなことは、ユースケースの段階で意識する問題ではありません。データベースはビジネスロジックではなく実現手段です。

　ユースケースにおける責務単位にとってより重要なことは、いつ、誰が、どんな業務を行うかです。それは、開発作業においても、どのフェーズでどのチームが担当するかに関わってきます。別のタイミングで作り、別の動機でメンテナンスすることになりそうな実装は、別の交換単位とするのが適当

▼リスト1　単一責任原則に即しているのか疑わしい設計

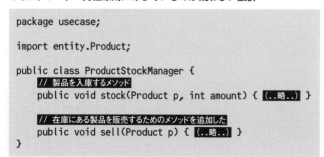

```java
package usecase;

import entity.Product;

public class ProductStockManager {
    // 製品を入庫するメソッド
    public void stock(Product p, int amount) { 【..略..】 }

    // 在庫にある製品を販売するためのメソッドを追加した
    public void sell(Product p) { 【..略..】 }
}
```

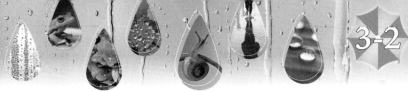
です。

　また、書籍『Clean Architecture』の後半によると、パッケージの分割は、entityやusecaseのような垂直軸上の境界線で切るよりも、stockとsalesのような、水平軸上の境界線とするのを優先にしたほうが、凝集度が高まると考えられます。

　リスト2では、ProductStockManagerの関心は在庫数の管理だけとし、販売に関する関心は異なるパッケージのProductSalesに移動させました。このシステムが何をするものなのかが、プロジェクトのフォルダ構造でわかるようにもなりました。

　UNIX哲学にも「一つのことをうまくやれ」という、単一責任原則と同様の格言があります。プログラム部品を組み合わせて応用したいとき、いくつもの余計なことをしていたり、一つの仕事もうまくできなかったりするものは、再利用に向きません。外したり別のところに付け替えたりできないものは、最初に作ったときの組み合わせでしか使えなくなります。

　責務の境界線が悪いと、再利用だけでなく開発への弊害にもなります。コンウェイの法則は、ソフトウェアの構造と組織の構造に相関があることを示しています。チームやフェーズを分けて作るうえで、ソフトウェアの構造単位に完結性があることは、とても重要なことです。単一の責務を基準とした分割方針は、構造化アプローチ（オブジェクト指向より古い）であっても一般的に常識だと言えます。

依存性反転原則（Dependency Inversion Principle）

　依存性反転原則は、オブジェクト指向プログラミングで「疎結合」を実現しようとするとき、制御の向きと依存の向きが必ず逆の関係になることを表しています。クリーンアーキテクチャの層の間にある依存関係のうち、おそらく半分

▼リスト2　単一責任原則として妥当なユースケース設計

```
package stock;

import product.Product;

public class ProductStockManager {
    public void stock(Product p, int amount) { (..略..) }

    // 在庫から取り出す処理のみ
    public Product pickOne(string name) { (..略..) }
}
```

```
package sales;

import product.Product;

public class ProductSales {
    // 在庫管理に関わらない販売処理
    public void sell(Product p) { (..略..) }
}
```

以上の振る舞いが、この依存性反転原則にのっとった関係です。

　モジュールの機能を呼び出すことと、そのモジュールに依存することが同じ意味になるのは、直感的に理解しやすい関係です。日付の計算をするときは、Calendarオブジェクトを使います。Calendarの振る舞いが正しければ、自分の日付計算を安心して行えます。このような、直感に一致する依存は、具象オブジェクトの振る舞いとの「密結合」です。

　「疎結合にする」とは、この直感的な依存関係に反して、振る舞いの実装を無視した依存関係を成り立たせること、つまり「インターフェースに依存せよ」ということです。抽象メソッドを呼び出しておけば、振る舞い実装なしでもロジックを完結させられます。

　インターフェースに依存するのは、利用側だけでではありません。むしろ、パッケージ境界をまたいだ厄介な依存（他者との結合）は、振る舞いを実装する側に発生します。呼び出される側が、呼び出す側に向かって逆方向に依存するのです。

　再び、在庫管理ユースケースを例に考えてみます。在庫管理のユースケースに「製品を取り出して在庫を減らす」というロジックを記述し

▼リスト3　依存と制御の向きが同じ結合

```java
package db;

import stock.ProductStock;

public class ProductStockDataGateway {
    public ProductStock findOne(String name) {
        // データを元に在庫情報オブジェクトを返す
    }
    // ほかにもいろいろな取得方法を持つかも
}
```

```java
package stock;

import product.Product;
import db.ProductStockDataGateway;
// 向きがおかしい！ 技術のほうに依存している

public class ProductPickUp {
    private ProductStockDataGateway dataGateway;

    public Product pickOne(String name) {
        ProductStock stock = dataGateway.findOne(name);
        stock.decrement();
        return stock.getProduct();
    }
}
```

たいとします。製品名などを使って、在庫情報を得る必要があることがわかりました。**リスト3**のようにデータベースからデータを取得するゲートウェイを作り、ユースケースから利用する形にするとどうなるでしょうか？

　ユースケース（ドメインモデル側）からデータゲートウェイ（実現技術側）に依存してしまいます。しかもこの形はあと少しでパッケージの循環依存を生み出しそうです。依存が循環するのは最悪のパターンです。互いに変更影響を及ぼし合って、パッケージ分けは実質的に癒着した巨大なモノリスになっていきます。

　インターフェースに依存させて、疎結合にします（**リスト4**）。このインターフェースにリポジトリ（実装はわからないけれどオブジェクトが出てくる入れ物）という抽象概念を与えましょう。

　リスト4のIProductStockPickingRepositoryは、本当に小さなインターフェースです。ユースケース都合で命名されたメソッドをたった1つだけしか持ちません。ユースケース実装は、このインターフェースだけを使っています。依

存関係は、ProductStockRepositoryImplから一方的に、ユースケースのインターフェースに向くものになりました。

　サンプルコードは、インターフェース分離原則（ISP）の例にもなっています。「ほかのデータ取得メソッドたち」だったものは、「ほかのユースケースにあるインターフェースの実装も可能」に変わりました。技術的な理由から、同じテーブルにアクセスするメソッドがこのリポジトリの実装に集められる可能性はあります。ですが、利用側のユースケースから見れば、リポジトリは実際に自分が使うメソッドしか持たない小さなオブジェクトに見えます。

　長いオブジェクト指向の紆余曲折の歴史の中で一貫して変わらなかったのは、この依存の向きを逆にできる特性です。依存性反転原則は、オブジェクト指向プログラミングそのものと言っても過言ではありません。クリーンアーキテクチャも、依存性反転原則の1つの応用例にすぎないと言えるかもしれません。

　マーチン氏はクリーンアーキテクチャの本の中で、「オブジェクト指向は要するに普通のプログラマーが使える関数ポインタのようなものにすぎない」と語っています。少々極端な割り切りですが、あの本で彼が主張しようとしたことの核心が、この依存の向きのコントロールだったとすれば納得できます。

テスタビリティの確保

クリーンなテストの恩恵

　単一責任原則にのっとったオブジェクトは単体テストをシンプルに保てます。依存性反転原則にのっとったオブジェクトは、依存モジュー

ルの実装が存在しなくてもダミー（モックオブジェクト）で単体テストを成立させられます。クリーンアーキテクチャはテスタビリティの確保に大きく貢献します。

エンティティとユースケースの層は、技術的な課題に一切煩わされず、純粋にロジックをテストすることが可能になります。インターフェースアダプタも、かなりの割合で本物のインフラストラクチャを準備せずにテスト可能になります。

アプリケーション全体の実行環境なしに、部分に閉じてコードの確かさを保証できるメリットは、コーディングレベルの設計品質に大きく効いてきます。つまらない間違いを洗い出した高い品質のコードの積み上げがあれば、残る心配は本当に通しで動くのかの確認だけです。これがCI（継続的統合）が言っている、本来の結合テストの意味です。

▼リスト4 依存性反転原則に即した抽象化

```java
package stock;

import product.Product;

public interface IProductStockPickingRepository {
    public ProductStock findToPickUp(string name);
}

public class ProductStockManager {
    private IProductStockPickingRepository repo;

    public Product pickOne(String name) {
        ProductStock stock = repo.findToPickUp(name);
        // 以下同じ
    }
}
```

```java
package datamapper;

import stock.ProductStock;
Import stock.IProductStockPickingRepository;
// 依存がこちら側に移動

public class ProductStockRepositoryImpl implements
    IProductStockPickingRepository
    // ほかのユースケース用インターフェースも兼ねられる
{
    public ProductStock findToPickUp(String name) {
        // ORMを使ってデータをオブジェクトにマップ
    }

    // ほかのユースケースのためのメソッドも実装できる
}
```

 モデリングにもたらす価値

エンティティとユースケースを純粋にロジックだけでテストできることは、DDDにとっても非常にありがたいことです。複雑なアルゴリズムは、顧客との共通語になりません。顧客に説明して理解してもらえるロジックは、せいぜいテストケースの逐次手続きです。

テスト駆動開発は、高速な単体テストに支えられる、反復的なプログラミング技法です。フレームワークのセットアップなどにまったく依存しない、コンパクトな単体テストはテスト駆動開発に欠かせません。安全かつ高速にプログラムの書き直しができると、モデリングを遠慮なくやりなおせます。コンセプトレベルの設計に妥協が生まれる理由の大部分は、テストにかかる余計な手間とロジック不具合の混入リスクです。そんなことを心配せずに、あるべきドメインモデルの形をいくらでも推敲できることで健全なDDDが行えます。

アーキテクチャの中心に位置するエンティティ（ドメインモデル）のモデリングがもし妥協の産物だったら、そこで選択した技術的負債の利子は、技術レイヤーの実装が闇で支払うことになります。闇返済はそれ自身もまた技術的負債になります。

アーキテクチャ設計の事例

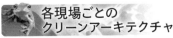 各現場ごとの
クリーンアーキテクチャ

筆者自身の実務経験のお話をします。図2は

PHPのフレームワーク「Symfony」（JavaではSpringが近い）を使って開発をした経験から体感的に得た、自分なりのクリーンアーキテクチャを模式図にしてみたものです。

図2の左上で問題領域とモデルが行き来しています。モデ

▼図2　筆者が実務で具現化したクリーンアーキテクチャの模式図

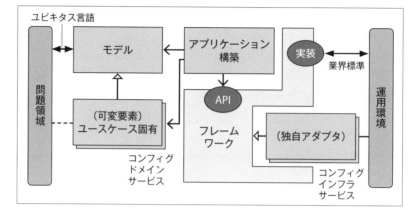

ルが抽象として保留したことを実現する（抽象に依存する）ものとして、ユースケース固有と書いたドメインサービスを与えています。ここまでの領域に、右側への依存がまったくないことがポイントです。単体テストを活用して、まる3回ほどモデル部分の設計をやりなおしました。

アプリケーション構築は左の領域に単方向依存しています。フレームワークの「API」という楕円のところにも依存していますが、ここは現実的な妥協でした。外部の仕様に依存すると変更理由が外から来る恐れはあります。とはいえ、振る舞い依存ではなくインターフェース依存なので、だいぶマシなほうです。SymfonyのAPI（このフレームワークは中身の層がクリーンっぽい）をクリーンアーキテクチャで言う「インターフェースアダプタの一部」とみなすことにしました。

フレームワークが持つ実装の部分が右に飛び出していて、業界標準（PHP標準関数、HTML、SQLなど）で環境につながっています。ここもフレームワークを流用しています。既存のライブラリ実装は、自作インフラストラクチャの代わりだということにしました。フレームワークの中で穴になっているところには、自作したインフラストラクチャ部品が入ってきます。この自作は、フレームワークの設けた抽象を自分が実装する形になっています。Symfonyをイン

ターフェースアダプタの一部とみなすと、この依存構造に説明がつきます。

Symfonyは強力なDIコンテナを持っていて、フレームワーク自身もDIで構築されています。ドメインサービスの構築と独自アダプタの差し込みに役立ちました。

なお、図2には登場しませんが、データベースとのやりとりには、DataMapper（PofEAA）タイプのORMであるDoctrineを使っています。DataMapperパターンでは、データベースと同期するオブジェクトはとくに何も継承していないクラスです。そのため、クリーンアーキテクチャで言うエンティティと、ORM用語で言うエンティティとで、同じクラス実体を使って済ませられるところはマッピングに任せて楽をしました。

クリーンアーキテクチャはただの例

アーキテクチャの内側をすべて自作となるとかなり大変です。データとエンティティ間に冗長な転送プログラムが必要になると、退屈なコードが増えます。余計なコードの量を増やすのは、それだけで負担になります。使っても問題なさそうなフレームワークAPIを選んで依存するのは、バランスが取れていれば大丈夫なのではないかと思います（見極めにはスキルが必要ですが）。

あの図（図1）のとおりにすることがクリーンアーキテクチャなのだといった考え方になっ

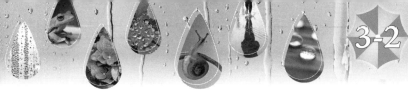
てしまうと、筆者がこのとき避けた面倒や負担をすべて抱えることになります。「チャレンジしたけど、こんなのうまくいかないじゃないか」となってしまうのは、そういうことではないかと思うのです。

絶対に外部の影響を入れない完全なクリーンルームは、筆者の場合問題領域側の左半分だけでした。おかげで、外部の環境に影響されずにテスト駆動開発ができました。純粋ロジックの単体テストができなければ、きちんとモデリングを終えることなく、右半分への見切り発車になってしまったのではないだろうかと思います。

おわりに

単にRubyやRailsの思想を否定したいからとクリーンアーキテクチャを持ち出すのは、間違っていると思います。GitHubもTwitterも、Ruby on Railsがなければ作られていませんでした（FacebookとWikipediaは今ほど洗練され

ていない時代のPHPです）。単純に何が善で何が悪かではありません。ツールも方法論も、どんなフェーズ／用途にどんなメリットをもたらすか、という相性の見極めが大事だと思います。

単純なCRUDが目的のときは、最少のコード量で動くフレームワークが圧倒的に楽です。けれど、独自のワークフローを持つアプリケーションやWeb API作りの場合はそうでもありません。クリーンアーキテクチャをベースにするやり方は、その考え方に慣れてしまえば、むしろ初心者向けフレームワークの作法を学ぶより簡単になってきます。

クリーンアーキテクチャは、重厚なアーキテクチャ製品と比べると、かなり柔軟で気軽で素朴なアイデアです。どの部分にそのアイデアを応用するかは自由です。「アーキテクチャ設計に取り組むぞ」ではなく、心で理解して「ここはこうしたほうが楽だからやっておこう」程度の気持ちで活用できるものになると、真価を発揮すると思います。**SD**

3-3 ソースコードから理解する

典型的なシナリオからクリーンアーキテクチャのエッセンスを抽出しよう

Author 成瀬 允宣（なるせ まさのぶ）
Twitter @nrslib **GitHub** nrslib **URL** https://nrslib.com/

クリーンアーキテクチャには典型的なシナリオがあります。本節では、その処理を追うことでクリーンアーキテクチャの本質をとらえていきましょう。

典型的なシナリオ

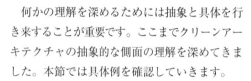

何かの理解を深めるためには抽象と具体を行き来することが重要です。ここまでクリーンアーキテクチャの抽象的な側面の理解を深めてきました。本節では具体例を確認していきます。

クリーンアーキテクチャは特定の実装パターンを指しているわけではありませんが、書籍『Clean Architecture』の第22章「クリーンアーキテクチャ」では典型的なシナリオとして**図1**が提示されています。

ControllerやPresenterなどはそれぞれ特定

の役目を担ったオブジェクトです。本節ではこのシナリオに沿った実装を確認して、クリーンアーキテクチャの本質を具体からとらえていきます。なお、本節で提示するサンプルコードはJavaで、フレームワークとしてSpring Webを利用します注1。

矢印の形と意味

図1の矢印は依存を表しています。矢印の元

注1） 誌面の都合上、すべてのコードを載せることはかなわないため、サンプルコードは一部省略しています。完全なサンプルコードを確認したい場合は次のURLを参考にしてください。
URL https://github.com/nrslib/gihyo_software_design_clean_architecture_sample

---

▼**図1** 典型的なシナリオ

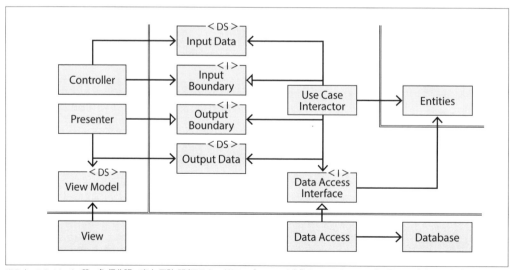

※ Robert C. Martin 著、角 征典訳、高木 正弘 訳（アスキードワンゴ、2018年）『Clean Architecture』の図22-2 をもとに作成

にあるオブジェクトは矢印の先にあるオブジェクトがないと成り立たないという意味です。

矢印の形に着目すると、2種類に分かれていることに気づきます。通常の矢印と先端が白抜きになっている矢印です。これらの矢印はそれぞれ別の意味をもっています。

通常の矢印は参照を意味します。変数として利用したり、戻り値としたり、さまざまな形態でオブジェクトを参照します。

白抜きの矢印は汎化を意味します。インターフェースとその実装クラスの関係などを指します。

制御フローを確認する

典型的なシナリオの制御フローを確認しましょう。典型的なシナリオは次の順序で処理が進みます。

1. Controllerがユーザーの入力を受け付けてInput Boundaryにデータを引き渡す
2. Input Boundaryの実装であるUse Case Interactorが処理を引き受け、Data Access Interfaceなどを活用しながら目的を達成し、処理結果をOutput Boundaryに引き渡す
3. Output Boundaryの実装であるPresenterが処理を引き受け、Output DataからView Modelデータを生成する
4. ViewがView Modelを参照し表示する

次項よりそれぞれの処理実装を確認していきます。

Controllerと周辺オブジェクト

まずは処理の始まりであるControllerです。Controllerの実装には次のオブジェクトが登場します。

・Input Data

・Input Boundary
・Controller

図1の左上部分に位置するオブジェクト群です。それぞれの実装を見ていきましょう。

Input Dataの実装を確認する

ユーザーの入力はアプリケーションが求める入力形式に変換されます。アプリケーションに渡すデータがInput Dataです。ここでいうアプリケーションは特定の目的を解決するためのプログラムです。

図1のInput Dataの右上に書いてある＜DS＞マークはデータ構造体（Data Structure）を指すもので、POJO（Plain Old Java Object）と呼ばれる単純なクラスで定義されます。

ユーザーが操作するインターフェースは多岐に及びます。Webアプリケーションでは、インターフェースとして利用されるのはブラウザです。ユーザーの入力はHTTPのリクエストとなり、ハンドラに到達します。クライアントが提供されるソフトウェアであれば、ユーザーはGUIを操作して入力します。この入力はマウスによるポインティングやクリックなどの入力をハンドリングします。昨今では音声入力インターフェースなども存在します。

アプリケーションがこれらのインターフェースひとつひとつに対応するのは現実的ではありません。そこでアプリケーションに引き渡すための統一したデータをリスト1のように定義します。

このデータ型を公開することで、インターフェースとなるプログラムが、そのデータを統一された規格であるInput Dataに加工するように仕向けます。当然ながらInput Dataに特定のインターフェースのみで利用されるような情報（HTTPセッションなど）を含めることは

▼リスト1　Input Dataの実装例

```
public record TypicalCreateInputData(String data) {}
```

▼リスト2　Input Boundaryの実装例

```
public interface TypicalCreateInputBoundary {
    void handle(TypicalCreateInputData inputData);
}
```

▼リスト3　Controllerの実装例

```
@RestController @RequestMapping("api/typical")
public class TypicalController {
  private final TypicalCreateInputBoundary createInputBoundary;
  (..略..)
  @PostMapping
  public void post(@RequestBody TypicalPostRequestModel request) {
    var inputData = new TypicalCreateInputData(request.data());
    createInputBoundary.handle(inputData);
  }
}
```

推奨されません。

Input Boundaryの実装を確認する

Boundaryは境界を意味する単語で、Input Boundaryはインターフェースとアプリケーションの境に配置されます。少し紛らわしいのですが、3-1節の図1ではUse Case Input Portという名前で登場しています。

図1のInput Boundaryの右上に書いてある＜I＞マークはプログラミング言語機能として提供されるインターフェースを意味しています。したがって、Input Boundaryを実装するとおおよそリスト2のようなオブジェクトになります。

Controllerの実装を確認する

ControllerはMVC（Model View Controller）のコントローラと同一の役割をもちます。MVCのコントローラはユーザーからの入力をアプリケーションのために変換し、モデルに制御を移します。したがってControllerはユーザーの入力データをアプリケーションが求める形に変換し、Input Boundaryに引き渡すのがその役目です。

Spring Webではリスト3のようなコントローラとして定義することになります。

HTTPリクエストのデータ（TypicalPost RequestModel）からアプリケーションが求める入力データであるTypicalCreateInputDataを生成し、Input Boundaryに引き渡しています。

読者によってはpostメソッドがvoid型であることに違和感を覚えることでしょう。これに関しては「実践への昇華」節で詳しく解説します。

Use Case Interactorと周辺オブジェクト

Use Case Interactorの実装には次のオブジェクトが登場します。

・Output Data
・Output Boundary
・Entities
・Data Access Interface
・Use Case Interactor

いずれも図1のUse Case Interactorとそこから依存の矢印が伸びた先にあるオブジェクトたちです。

Output Dataの実装を確認する

アプリケーションへの出力データがOutput Dataです。その目的はInput Dataとほぼ同じです。

CUIであればプロンプト上に、GUIであればソフトウェアが提供するクライアント上に、

▼リスト4　Output Dataの実装例

```
public record TypicalCreateOutputData(UUID id, String data, LocalDateTime createdAt) {}
```

▼リスト5　Output Boundaryの実装例

```
public interface TypicalCreateOutputBoundary {
  void handle(TypicalCreateOutputData outputData);
}
```

▼リスト6　Entitiesに属するオブジェクトの一例

```
public class Container {
  (..略..)
  public boolean hasSpaceFor(Drum aDrum) {
    return remainingSpace() >= aDrum.getSize();
  }

  public canAccommodate(Drum aDrum) {
    return hasSpecaFor(aDrum)  // スペースは問題ないか
      && aDrum.getContainerSpecification().isSatisfiedBy(this);  // ドラム缶が要求するコンテナの仕様に合致するか
  }
}
```

VUIであれば音声でといったように処理の結果を確認するためのインターフェースはさまざまです。それらのインターフェースへの出力をアプリケーションが対応し、使い分けるのは非現実的です。

Output Dataの右上に＜DS＞マークがあることから、Input Dataと同じようにPOJOでアプリケーションの出力データとしてOutput Dataを定義します（**リスト4**）。

■ Output Boundaryの実装を確認する

Output BoundaryはInput Boundaryと同様の目的で定義します。Input Boundaryは入力インターフェースとアプリケーションの境界として定義されるのに対し、Output Boundaryはアプリケーションと出力インターフェースの境界として定義されます。

＜I＞マークがあることから、Output Boundaryはインターフェースで実装します（**リスト5**）。

アプリケーションを利用する各々のソフトウェアは、このインターフェースを実装する形で、それぞれの出力に合わせたデータ変換を行います。

■ Entitiesの実装を確認する

Entitiesはビジネスルールをカプセル化したオブジェクトです。ドメインオブジェクトなどといった言葉で説明されるものと同一のものです。

たとえば、書籍『エリック・エヴァンスのドメイン駆動設計』[注2]には倉庫内格納ソフトウェアといった例があります。ここでいう倉庫は化学薬品倉庫で、コンテナにはさまざまな化学薬品が保管されています。化学薬品には爆発物であるため強化されたコンテナが必要といった条件があります。ざっくりとした例ですが、そういったルールなどが記述されるオブジェクトをEntitiesと表現しています。

リスト6のコンテナがドラム缶を収容できるかを確認する処理では、ドラム缶のサイズが収容できる大きさであることとドラム缶が要求するコンテナの仕様に合致していることを確認しているのがわかります。このことについて詳し

注2）Eric Evans 著、今関 剛 監訳、和智 右桂、牧野 祐子 訳、
　　翔泳社、2011年

▼リスト7　Data Access Interfaceの実装例

```
public interface SampleRepository {
  void save(Sample sample);
  void find(SampleId sampleId);
}
```

く掘り下げると膨大な解説が必要となりますが、それは本特集の主題でないため省きます。本サンプルでは極めてシンプルなオブジェクトを定義し、それをビジネスルールを備えた疑似的なオブジェクトとします。

Data Access Interfaceの実装を確認する

多くのアプリケーションは取り扱うデータを永続化します。さきのEntitiesに所属するオブジェクトも、ライフサイクルが存在する場合にはデータストアへの保存やデータストアから読み取り処理が必要です。システムにとって必要な永続化処理を配置したオブジェクトがData Access Interfaceです。

Data Access Interfaceはさまざまな選択肢があります。代表的なものはデータベースへのアクセスを抽象化するDAO（Data Access Object）というパターンや、リポジトリパターンと呼ばれるドメインオブジェクトを主体としてデータにアクセスする手法などです。リスト7では後者を利用しています。

Use Case Interactor

Use Case InteractorはEntitiesを操作して

ユースケースを達成します。ユースケースはアプリケーションの利用者の目的によってさまざまです。

たとえばあるオブジェクトを生成し、そのライフサイクルを開始したければ、リスト8のような処理になります。

まず仮引数として渡されたInput Dataのパラメータを利用して、Entitiesとして仮に定義したSampleオブジェクトをインスタンス化します。このとき採番も行っています。次に、生成したSampleオブジェクトをData Access InterfaceであるSampleRepositoryのsaveメソッドで呼び出し、永続化処理を実行します。クエリを実行するなどの具体的な永続化処理についてはここでは取り扱いません。最後に処理結果をTypicalCreateOutputDataに詰め込み、TypicalCreateOutputBoundaryに引き渡すことで処理を完了しています。

注目すべきはTypicalCreateInteractorには呼び出し元の技術であるWeb特有の何かや、Entitiesの永続化を担うデータストア周辺技術の何かが表れていないことです。Webでないインターフェースであっても TypicalCreateInteractorは利用できますし、データストアを変更することになったとしても TypicalCreateInteractorに影響はありません。

Data Accessの実装を確認する

Use Case Interactorの周辺オブジェクトと

▼リスト8　Interactorでオブジェクトのライフサイクルを開始する

```
public class TypicalCreateInteractor implements TypicalCreateInputBoundary {
  private final SampleRepository sampleRepository;
  private final TypicalCreateOutputBoundary outputPort;
  (..略..)
  @Override
  public void handle(TypicalCreateInputData inputData) {
    var sample = new Sample(new SampleId(), inputData.data());
    sampleRepository.save(sample);
    outputPort.handle(new TypicalCreateOutputData(
        sample.getSampleId().value(),
        sample.getData()));
  }
}
```

▼リスト9　Data Accessの実装例

```java
public class JpaSampleRepository implements SampleRepository {
  private final SampleDataModelJpaRepository jpaRepository;
  (..略..)
  @Override
  public void save(Sample sample) {
    var dataModel = SampleDataModel.builder()
          .id(sample.getSampleId().value())
          .data(sample.getData()).build();
    jpaRepository.save(dataModel);
  }
}
```

して説明したData Access Interfaceの実体と
してData Accessがあります。この実装につい
ても確認しておきましょう。

リスト9はData Access Interfaceである
SampleRepositoryを実装したオブジェクトで
す。具体的な永続化技術として、JPA（Java
Persistence API）を利用しています。

JpaSampleRepositoryはRDBを前提として
います。たとえばデータストアにNoSQLの
MongoDBを利用する場合には、MongoDbSample
Repositoryといった専用のData Accessを定義
することになります。

Presenterの実装を確認する

最後にPresenterの実装を確認します。図1
でいうところの左中央部分です。

PresenterはOutput Boundaryを実装する形
で定義します。今回のケースはWebなので、
View ModelはHTTPのレスポンスとします。

リスト10では、Output Dataのデータを使っ
て View Model である TypicalPostResponse
Modelを作成し、フィールドに格納しています。
View Modelを受け取りたいオブジェクトが
resultメソッドを呼び出すことで取得すること
を想定しています。

リクエストに対して必ずレスポンスが存在す
るHTTPに慣れ切っていると、結果をフィー
ルドに格納して、そののち取得させるこの形は
奇妙に思えるでしょう。実際、筆者もそう感じ
ます。このことに関しては先刻予告したとおり、
「実践への昇華」節で異なった形を提案します
ので、いったんはこの形で進めます。

DIコンテナ設定

ここまで典型的なシナリオに登場するオブジェ
クトの実装をそれぞれ確認してきました。オブ
ジェクトの中には実体のあるクラスとシグネチャ
だけが定義されたインターフェースがあります。
処理を追うにはこれらの組み合わせ方法につい
て知っておかなくてはなりません。

▼リスト10　Presenterの実装例

```java
public class TypicalCreatePresenter implements TypicalCreateOutputBoundary {
  private TypicalPostResponseModel viewModel;

  @Override
  public void handle(TypicalCreateOutputData outputData) {
    viewModel = new TypicalPostResponseModel(outputData.id(), outputData.data());
  }

  public TypicalPostResponseModel result() {
    return viewModel;
  }
}
```

▼リスト11　サンプルコードのDI設定

```
@Configuration
@EnableJpaAuditing
public class ApplicationConfiguration {
  @Bean
  public TypicalCreateInputBoundary typicalCreateInputBoundary(
      SampleRepository sampleRepository,
      TypicalCreateOutputBoundary typicalCreateOutputBoundary
  ) {
      return new TypicalCreateInteractor(sampleRepository, typicalCreateOutputBoundary);
  }

  @Bean
  TypicalCreateOutputBoundary typicalCreateOutputBoundary(
      TypicalCreatePresenter typicalCreatePresenter
  ) {
      return typicalCreatePresenter;
  }

  @Bean
  SampleRepository sampleRepository(SampleDataModelJpaRepository jpaSampleRepository) {
    return new JpaSampleRepository(jpaSampleRepository);
  }
  (..略..)
}
```

SpringなどのメジャーなフレームワークではDIコンテナがあります。DIコンテナはあるオブジェクトを生成する際の設定を事前に行う機能です。**リスト11**は今回のサンプルのDIを設定している箇所です。

たとえばtypicalCreateInputBoundaryメソッドは、フレームワークがあるオブジェクトを生成しようとしたとき、そのオブジェクトがTypicalCreateInputBoundaryをコンストラクタの引数などで要求するなどしている場合にはTypicalCreateInteractorを生成して渡す、という設定になります。したがって、TypicalController（**リスト3**）のcreateInputBoundaryフィールドにはTypicalCreateInteractorのインスタンスが格納されます。

DIコンテナを活用するとオブジェクトの生成をひとまとめにできます。オブジェクトの生成処理と利用処理は関心が別個のものなので、このようにDIコンテナを利用すると関心の分離が実現でき、プログラムが疎結合になります。このことがもたらすメリットは、たとえばTypicalCreateInputBoundaryを求められたら

スタブオブジェクトを利用するように設定をし、サーバとの動通を含めたフロントエンドのテストを実施できるようにするなどが考えられます。

処理の流れを確認する

すべてが出そろったところで、その処理の流れを追ってみましょう。

まずユーザーの入力はHTTP通信を利用してTypicalController（**リスト3**）に引き渡されます。入力データはTypicalCreateInputData（**リスト1**）に加工され、TypicalCreateInputBoundary（**リスト2**）に渡されます。DI設定によりTypicalCreateInteractor（**リスト8**）に制御が移ります。Entitiesのオブジェクトを操作（生成）し、SampleRepository（**リスト7**）に引き渡すことでデータの永続化を行います。具象クラスはJpaSampleRepository（**リスト9**）です。処理の結果はTypicalCreateOutputBoundary（**リスト5**）に伝えられます。制御はTypicalCreatePresenter（**リスト10**）に移り、View ModelのTypicalPostResponseModelが作成されます。

図1の一連の流れは以上です。なお、この流

▼リスト12　HTTPレスポンスを生成する

```java
public class ResultFromPresenterInterceptor implements HandlerInterceptor {
  private final ObjectMapper mapper;
  private final TypicalCreatePresenter createPresenter;
  (..略..)
  @Override
  public void postHandle(
      HttpServletRequest request,
      HttpServletResponse response,
      Object handler,
      ModelAndView modelAndView
  ) throws Exception {
    if (handler instanceof HandlerMethod handlerMethod) {
      if (handlerMethod.getBeanType() == TypicalController.class) {
        if (handlerMethod.getMethod().getName().equals("post")) {
          var result = createPresenter.result();
          var responseModel = new TypicalPostResponseModel(result.id(), result.data());
          var contents = mapper.writeValueAsString(responseModel);
          response.getWriter().println(contents);
        }
      }
    }
  }
}
```

れは同心円の図（3-1節の図1）にも一部記載が
あります。3-1節の図1の右下に着目すると
「Flow of control」という記載があります。こ
れは制御の流れと訳せます。そして図の文言に
着目するとController、Use Case Interactor、
Presenterという見慣れた用語が見受けられま
す。また＜I＞マークや2種類の矢印にも見覚
えがあるでしょう。実は3-1節の図1の右下に
描かれた図は典型的なシナリオを簡易的に表現
したものなのです。ここでいうInput Portは
Input Boundary に、Output Port は Output
Boundaryにそれぞれ対応します。矢印はそれ
ぞれ参照と汎化を表しており、「Flow of control
の矢印」は実際にControllerからUse Case
Interactorに制御が移り、Use Case Interactor
からPresenterに処理が流れていくさまが表現
されています。

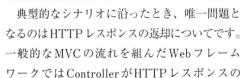
HTTPレスポンスは
どのように返却するのか

　典型的なシナリオに沿ったとき、唯一問題と
なるのはHTTPレスポンスの返却についてです。
一般的なMVCの流れを組んだWebフレーム
ワークではControllerがHTTPレスポンスの

データを生成します。そのため、Controllerは
結果を受け取る必要がありますが、図1では
ControllerからOutputDataやView Modelに矢
印は伸びていません。

　このシナリオを忠実に再現するにはひと手間
かける必要があります。サンプルプロジェクト
ではリスト12のようにPresenterからHTTP
レスポンスを生成するようにしています。

　Spring Webにはハンドラメソッドの処理を
横取りできる機能としてインターセプタがあり
ます。ResultFromPresenterInterceptorはハ
ンドラメソッドの処理後に制御を横取りし、適
切なPresenterからデータを取り出して結果と
なるHTTPレスポンスを生成しています。

◆　◆　◆

　以上で典型的なシナリオに沿った実装のすべ
てを確認し終わりました。

実践への昇華

　フレームワークが提供する一般的な作法から
逸脱し、インターセプタでHTTPレスポンス
を作成するというやり方に拒否感を覚えた方は

いるでしょうか。その感覚は正しいです。多くの開発者はコントローラの処理とHTTPレスポンスを見比べて混乱することでしょう。

さきの手法はあくまでも典型的なシナリオに沿うと、そうせざるを得なかっただけにすぎません。クリーンアーキテクチャが説くのはシナリオに沿うことではありません。何か不都合があるのであれば、いかようにもアレンジして問題ないのです。クリーンアーキテクチャの趣旨に則って、形を少し変えていきましょう。

クリーンアーキテクチャの本質を考える

家を改築するのに大黒柱を切るわけにはいきません。典型的なシナリオを崩す前にその本質を確認しましょう。

クリーンアーキテクチャが求めることは単純です。同心円の図でいうところの内側に向かって依存の矢印を伸ばし、反対方向からの依存を戒めることにより、上位レベルに方針の決定権を握らせることです。言い換えるなら、外側に位置するインターフェースやデータストアなどの下位レベルの都合に、ビジネスルールが振り回されないようにしたいのです。

たとえば、Input DataにセッションなどのHTTP技術についての情報を含めたりしないようにするのは、以降の処理がHTTP技術に依存しないようするためです。これによりアプリケーションはWeb以外でも活用できる道が残されます。もうひとつの例として、Use Case InteractorがData Access Interfaceを利用してデータストア技術を直接扱わないのは、特定のデータストア技術に依存させないためです。データストアへの依存はデータストア技術のバージョン変更やデータストアそのものの変更に対して無力になります。

これらはまさに大黒柱です。アレンジの対象はこれ以外の箇所に絞ります。

活路はDTO

ソフトウェアにおいて何かの境界を超える際に、データの受け渡し専用のオブジェクトにデータを格納して受け渡す手法としてData Transfer Object（DTO）があります。Input Dataはインターフェースとアプリケーションの垣根を超える際にデータを受け渡すためのDTOです。今回のケースではHTTP技術を由来とするデータをもたないようにすることで、インターフェースとアプリケーションが依存することなく連携しています。

現在問題になっているのはPresenterの取り扱いですがPresenterの目的はアプリケーションがプレゼンテーション特有の処理を行わないようにすることです。そこで着目すべきはOutput Dataの存在です。Output DataはInput Dataと同じような目的をもっています。アプリケーションがプレゼンテーションの依存を防ぐことです。Output Dataはアプリケーションとプレゼンテーションの境界を越境する際のDTOです。

実をいうとOutput Dataにデータを詰めた時点で、依存を断ち切ることができています。そこでOutput DataをOutput Boundaryに引き渡すのではなく、Output Dataを戻り値にすれば話は単純になります。

実践的な形へ変化させたプログラムを確認する

典型的なシナリオと同一になる部分は省いて、形を変えた部分を見ていきましょう。誌面での見分けやすさを考慮して、クラス名のプレフィックスはTypicalからPracticalに変更しています。

Input BoundaryとUse Case Interactor

まず変化があるのは戻り値を返すように変更しなくてはならないオブジェクトです（リスト13、14）。

とくにリスト14では、戻り値としてPractical CreateOutputDataを返却するようになったため、Output Boundaryの表記が消えました。必然的にOutput BoundaryとPresenterは不要に

▼リスト13　Input Boundary のサンプルのメソッドは戻り値を返すようになる

```java
public interface PracticalCreateInputBoundary {
    PracticalCreateOutputData handle(PracticalCreateInputData inputData);
}
```

▼リスト14　Interactor は Input Boundary の変化を受けて戻り値を返す

```java
public class PracticalCreateInteractor implements PracticalCreateInputBoundary {
  private final SampleRepository sampleRepository;
  (..略..)
  @Override
  public PracticalCreateOutputData handle(PracticalCreateInputData inputData) {
    var sample = new Sample(new SampleId(), inputData.data());
    sampleRepository.save(sample);
    return new PracticalCreateOutputData(
        sample.getSampleId().value(),
        sample.getData()));
  }
}
```

▼リスト15　Controller は Presenter の役割をこなす

```java
@RestController @RequestMapping("api/practical")
public class PracticalController {
  private final PracticalCreateInputBoundary createInputBoundary;
  (..略..)
  @PostMapping
  public PracticalPostResponseModel post(@RequestBody PracticalPostRequestModel request) {
    var inputData = new PracticalCreateInputData(request.data());
    var outputData = createInputBoundary.handle(inputData);

    return new PracticalPostResponseModel(outputData.id(), outputData.data());
  }
}
```

なります。

Controllerの変化

次に変化があるのはControllerです。Presenterの役割はControllerがこなします（リスト15）。

戻り値として受け取ったOutput DataからHTTPのレスポンスデータを生成して返却しています。MVCフレームワークに慣れ親しんだ開発者からすれば見慣れたコードに違いありません。実際、筆者が主導したプロダクトやノウハウが継承されたチームで、この形で運用されているものが多くあります。

クリーンアーキテクチャがなぜPresenterの存在を同心円の図や典型的なシナリオで定義し

ているかについてはボブおじさん[注3]の心のうちを予測するしかありませんが、おそらくはUIが関係しているのではないでしょうか。

たとえばMVCモデルはもともとUIをもつソフトウェアに広く適用されるものです。Webに限ったものではありません。むしろリクエストとレスポンスを前提とするWebフレームワークのMVCはMVC2と呼ばれることもあります。昨今ではWebの存在感が増したこともあって、レトロニムが発生し、もともとのMVCモデルは古典的MVCと呼ばれることもあります。クリーンアーキテクチャの発想に近いのは古典的MVCです。

注3）クリーンアーキテクチャの提唱者であるRobert C. Martin氏はボブおじさんの愛称で親しまれています。

クリーンアーキテクチャはWebに限らないアーキテクチャを題材にしたものであるので、UIを意識したPresenterの存在が典型的なシナリオに記載されているのだと予測しています。

実践のエピソード

実践的な形と称して紹介した、Webフレームワークを意識したこの形は、筆者が関わったいくつかのプロダクトで採用されています。ちょうど筆者がインターネット上にクリーンアーキテクチャの典型的なシナリオを実装して紹介する記事注4を投稿した2018年に、1つめのプロダクトがリリースされたので、少なくとも4年は運用されています。せっかくですので、それらの顛末を少し紹介しましょう。

まず前提として、いずれのプロダクトも現在は筆者の手から完全に離れています。メンバーの入れ替わりはありましたが、コードを確認してみると、コントローラからInput Boundaryを呼び出し、結果を返却するといった基本的な実装は守られています。コミュニケーションが課題になるオフショア開発でも同様です。ただ、これはアーキテクチャの恩恵ではないでしょう。

当初から、この凝ったアーキテクチャは開発フェーズに負担を強いるものと考えていたため、開発用のツールを作成していました。このツールは、あるユースケースを作ろうとするとき、いくらかの入力をするとInput BoundaryやUse Case Interactorなどの定型的なコードをスキャフォールディングするものです。運用フェーズにいたっても、新規の処理を作る際はこのツールを使ったほうが開発しやすかったため、結果的にアーキテクチャが守られたのでしょう。アーキテクチャに従うのが面倒に感じるような開発フローになっていたら無法地帯になっていたに違いありません。

結果的に守られたこのアーキテクチャの形は保守運用開発には明らかに良い影響を及ぼして

いきます。コードの修正履歴を見ると、改修を適用するためにとんでもないところを直さなくてはいけないといった修正は見受けられません。依存関係が内向きなので、修正箇所が詳細であれば同心円の外側にとどまっていますし、抽象であれば正しく必要な箇所に修正が波及します。ユースケースが分けられていることで、不用意な依存が起きづらくなっているのが功を奏しています。

運用を行っているメンバー数名に感触を聞いてみたこともあります。彼らは口々に学習コストと運用フェーズの負担が釣り合うことを語ってくれます。オブジェクトの責務が適切に分散し、依存の方向が適切なので、何か変更を加えるときの影響範囲が読みやすいのでしょう。

プロダクトを取り巻く環境はさまざまであるため、すべてはクリーンアーキテクチャのたまものとはいえませんが、数年たった今でもコードのクリーンさは保たれていると感じます。

本節のまとめ

コードは脈々と受け継がれるものです。ここでいう継承はそのプロダクトだけにとどまりません。

人々はコードにさまざまな感情を抱きます。怒りを感じたコードは反面教師になります。感動を覚えたコードは模範になります。それらは形を変えて、その人が携わる未来のプロダクトに受け継がれていきます。良いアーキテクチャはプロダクトの垣根を超えるのです。

アーキテクチャの真価がみられるまでには数年の月日が必要です。未来を見据えてその形を決めるのはアーキテクトの腕の見せ所です。クリーンアーキテクチャが説くものは普遍的なアーキテクチャのルールです。アーキテクトにとって、そのエッセンスはアーキテクチャの方針を探るヒントとして申し分ありません。**SD**

注4）**URL** https://qiita.com/nrslib/items/a5f902c4defc83bd46b8

3-4 アプリケーションから 理解する

密結合→疎結合→クリーンアーキテクチャを 体感しよう

Author 中村 充志（なかむら あつし） リコージャパン株式会社
Twitter @nuits_jp **GitHub** nuitsjp

本節では、簡単なアプリケーションを例として実際にリファクタリングを行うことで、クリーンアーキテクチャの設計を理解します。関心の分離や依存関係が理想的な形に変化させていきながら、さらに理解を深めましょう。

はじめに

ここからは、ミニマムなアプリケーションを題材にクリーンアーキテクチャを解説します。非クリーンアーキテクチャなアプリケーションを、徐々にクリーンアーキテクチャを適用した状態にリファクタリングします。

初期のコードは、クリーンアーキテクチャどころか、疎結合にもなっていない実装からスタートします。クリーンアーキテクチャを実現するためには、前提として疎結合であることが求められます。その状態からスタートして、疎結合にリファクタリングしたあとに、クリーンアーキテクチャにリファクタリングします。

その過程で、クリーンではないアーキテクチャの何が悪くて、クリーンアーキテクチャの何が良いのか、理解を深められるでしょう。また、すでに存在するコードをクリーンにするためのヒントも得られると思います。

前提条件

本節の動作環境は次のとおりです。

・Windows 10 または Windows 11
・.NET Framework 4.8
・Visual Studio 2022

コード自体は非常に簡単なコードですので、C#の経験がない方であっても、何らかの言語

でプログラミング経験があれば十分に理解できるものだと思います。ソースコードはGitHubでも公開しています[注1]ので、ぜひクローンして動かしてみてください。

題材のアプリケーション

題材とするアプリケーションは、近隣のレストランを一覧表示するコンソールアプリケーション「はっとぺっぱー」（図1）です。GUIを題材にすると、どうしてもGUIのウェイトが多くなってしまいます。今回は全体のアーキテクチャを解説したいため、可能な限りシンプルなUIということでコンソールアプリケーションを採用しています。

アプリケーションは、デバイスの現在地情報を取得し、レストラン検索Web APIを呼び出

注1) **URL** https://github.com/nuitsjp/SoftwareDesign202306

▼図1 はっとぺっぱーのイメージ

店舗	ジャンル
Trattoria Bella	イタリアン
Cafe de Luce	カフェ・軽食
Meat House	焼肉・韓国料理
Steak & Wine	ステーキ・洋食
寿司廣	和食・寿司
おこのみ屋	お好み焼き・粉物料理
うどんの華	うどん・そば・天ぷら
割烹はなれ	割烹・会席料理
味噌カツ 虎	定食・カツ・カレー
懐石 藤元	懐石料理・割烹

して近隣のレストランを取得します。取得した
店名とジャンルはコンソールに表示します。そ
の際、11時〜14時の間であればランチ営業の
あるレストランのみに限定して表示します。

Web APIは外部のサービスで対象のアプリ
ケーションとは別の組織（または部署）によっ
て提供されます。そのため題材には不要な情報
が含まれていたり、アプリケーションの都合と
は関係なく改修されたりする可能性があります。

題材のアプリケーションは、位置情報、時間、
外部のWeb APIと、テストなどで悩ましい要
素が含まれた構成になっています。

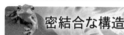

密結合な状態のアプリケーションの構造とその課題

密結合な構造

この初期のアプリケーションの構造は**図2**の

とおりです注2。代表的なコンポーネントとして
次の4つがあります。

① HatPepper
② FluentTextTable
③ System.Device
④ System.Net.Http

①は今回開発するアプリケーションの本体で
す。WindowsのHatPepper.exeとしてビルドし
ます。②はコンソール上で表を流暢（りゅうちょう）に扱うため
のライブラリです。**図1**のスクリーンショット
のような表を容易に描画できる、筆者の公開し
ているOSSです。③はデバイスの位置情報を
利用するために利用します。④にはWeb API
を呼び出すためのHttpClientが含まれています。

注2）本節の本質への影響の小さいものは意図的に除外しています。
すべてのコードが見たい場合は注1のGitHubのコードを
ご覧ください。

▼**図2 密結合な状態のアプリケーション構造**

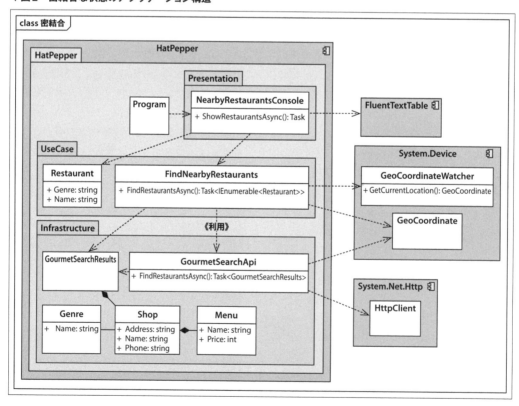

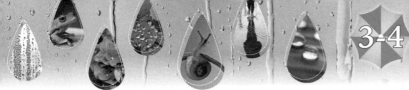

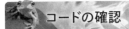
コードの確認

ではもう少し掘り下げてコードを確認していきましょう。はっとぺっぱーを起動すると、アプリケーションのエントリーポイントであるProgramクラス（**リスト1**）が呼び出されます。

プレゼンテーション層のNearbyRestaurantsConsoleクラスをインスタンス化し、レストランを表示します。**リスト2**のプレゼンテーション層の中身を見てみましょう。ユースケース層

のFindNearbyRestaurantsクラスをインスタンス化してレストランを検索し、検索結果をFluentTextTableを利用してコンソールに結果を表示しています。

続いてFindNearbyRestaurantsメソッド（**リスト3**）を見てみます。GeoCoordinateWatcherを利用して現在地を取得し、現在時刻からランチタイムかどうか判定します。そしてそれらをGourmetSearchApiに渡してレストランを検索し、結果をRestaurantに変換して返しています。

▼リスト1　Programクラス

```
var console = new NearbyRestaurantsConsole();
await console.FindRestaurantsAsync();
```

▼リスト2　プレゼンテーション層

```
public async Task ShowRestaurantsAsync()
{
    // レストランを検索する
    var restaurants =
        await new FindNearbyRestaurants().FindRestaurantsAsync();

    // レストランを表示する
    Build.TextTable<Restaurant>(builder =>
        {
            builder
                .Columns.Add(x => x.Name).NameAs("店舗")
                .Columns.Add(x => x.Genre).NameAs("ジャンル");
        })
        .WriteLine(restaurants);
}
```

▼リスト3　FindNearbyRestaurantsメソッド

```
public async Task<IEnumerable<Restaurant>> FindRestaurantsAsync()
{
    // 現在地を取得する
    var locationProvider = new GeoCoordinateWatcher();
    var location = locationProvider.GetCurrentLocation();

    // ランチタイムかどうか判定する
    var now = DateTime.Now;
    var lunchOnly = 11 <= now.Hour && now.Hour <= 14;

    // レストランを検索する
    var gourmetSearchApi = new GourmetSearchApi();
    GourmetSearchResults result =
        await gourmetSearchApi.FindRestaurantsAsync(location, lunchOnly);

    // Restaurantに変換して返す
    return result.Shops
        .Select(x => new Restaurant(x.Name, x.Genre.Name));
}
```

▼リスト4　GourmetSearchApi

```
public async Task<GourmetSearchResults> FindRestaurantsAsync(
    GeoCoordinate location,
    bool lunchOnly)
{
    var uri = "https://nuitsjp.github.io/SoftwareDesign202306/restaurants.json?" +
              $"&lat={location.Latitude}" +
              $"&lng={location.Longitude}" +
              $"{(lunchOnly ? "&lunch=1" : string.Empty)}";
    return (await HttpClient.GetFromJsonAsync<GourmetSearchResults>(uri))!;
}
```

最後にGourmetSearchApi (**リスト4**) を見ましょう。引数に、座標とランチに限定するかどうか受け取り、Web APIを呼び出しています。

見ていただいたとおり、実際のWeb APIは利用していません。GitHub PagesにJSONをアップロードして参照しているので、実のところ座標やランチは反映されません。実際の何らかのサービスを呼び出す場合、シークレットの問題などもあるので、ここでは外部を呼び出しているんだなと思っておいてください。

密結合の課題

さて、一見それなりに悪くない設計に見えます。レイヤーはしっかりと分割されていて、レイヤーの役割はきちんとレイヤーの中に収まっているように見えます。Separation of Concern (PoC、関心の分離) がなされているように見えます。

しかし、実際には大きな問題が含まれています。最大の問題は「テストが難しすぎる」ということです。先ほどのユースケースのメソッドFindRestaurantsAsyncを見てください。ここには次のような問題があります。

・位置情報が端末のロケーションに直接依存している
・ランチ判定が実行時の時間に依存している
・検索結果が、Web APIの提供元によって変化する

これをテストしようと思ったら、ノートパソコンを持って山手線に乗り朝から晩までテスト

するしかないでしょう。しかも2週目に同じ場所に来ても、新しい店舗が増えていて結果が変わったりします。大変すぎます。

では、どうすればよいか？　答えは「疎結合にする」です。位置、時間、Web APIと、ユースケースのロジックの結合を疎に保つことで、ユースケースをテストするときに位置や時間を任意に指定できるようにします。

疎結合にリファクタリング

疎結合にすると一言でいっても、どのようにリファクタリングしていけばよいのでしょうか。これを理解するためには、まず「どう密結合しているか」を正しく理解する必要があります。

ユースケース「FindNearbyRestaurants」とWeb API「GourmetSearchApi」の関係を見てみましょう (**図3**)。この2つのクラスの間には依存関係 (破線の関係) があります。しかし、実際のところここには**図4**のような2種類の依存があります。

コードも見てみましょう (**リスト5**)。インスタンスを生成して利用しています。このクラス間を疎結合にするには次の2つの手段が必要になります。

❶利用関係の排除
❷生成関係の排除

❶利用関係の排除

クラス間の直接的な利用環境を削除するため

▼図3　図2におけるFindNearbyRestaurantsとGourmetSearchApiの関係

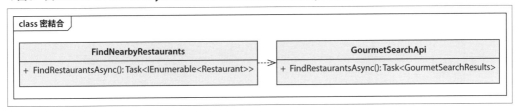

▼図4　実際にある2つの依存関係

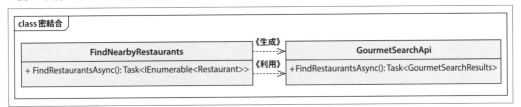

▼リスト5　リスト3で2つの依存がある部分

```
// レストランを検索する
var gourmetSearchApi = new GourmetSearchApi();
GourmetSearchResults result =
    await gourmetSearchApi.FindRestaurantsAsync(location, lunchOnly);
```

▼図5　利用関係をインターフェース側に移す

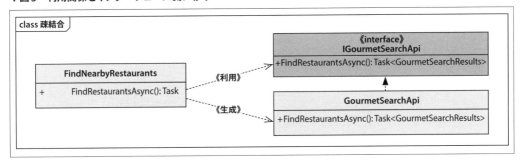

▼リスト6　利用関係をインターフェース側に移したコード

```
// レストランを検索する
var gourmetSearchApi = (IGourmetSearchApi)new GourmetSearchApi();
GourmetSearchResults result =
    await gourmetSearchApi.FindRestaurantsAsync(location, lunchOnly);
```

には、インターフェースを抽出して利用します。図5のように利用の関係をインターフェース側に移します。コードはリスト6のようになります。

FindRestaurantsAsyncの呼び出しが、実装クラスではなくインターフェース越しになりました。これでクラスの利用を排除できましたね。

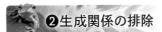 ❷生成関係の排除

生成コードを排除するための戦略として、次の2つの代表的なデザインパターンがあります。

（1）Dependency Injection（DI）パターン

（2）Service Locatorパターン

▼リスト7　生成関係を排除したコード

```
private readonly IGourmetSearchApi _api;

public FindNearbyRestaurants(IGourmetSearchApi api)
{
    _api = api;
}

public async Task<IEnumerable<Restaurant>> FindRestaurantsAsync()
{
    (..略..)
    // レストランを検索する
    var result = await _api.FindRestaurantsAsync(location, lunchOnly);
    return result.Shops
        .Select(x => new Restaurant(x.Name, x.Genre.Name));
}
```

▼リスト8　元のコード

```
public async Task ShowRestaurantsAsync()
{
    // レストランを検索する
    var findNearbyRestaurants = new FindNearbyRestaurants();
    var restaurants = await findNearbyRestaurants.FindRestaurantsAsync();
```

▼リスト9　コンストラクタが変更されたので改修したコード

```
// レストランを検索する
var findNearbyRestaurants = new FindNearbyRestaurants(new GourmetSearchApi());
var restaurants = await findNearbyRestaurants.FindRestaurantsAsync();
```

　(1) が外部からPushするパターン、(2) は内部からPullするパターンです。詳細は本では割愛しますが、(2) のパターンを使った場合、Pullする先が静的なレジストリになってしまいがちで、テストでスタブやモックを差し替えようとしたときに、テストの並列性が失われることが多いです。そのため筆者は可能な限り (1) の方式、つまりDIパターンを適用しています。

　ただ、すべての箇所でDIパターンが利用できるかというと、必ずしもそうではありません。ツリー状のオブジェクトのルートとなるオブジェクトを取得する箇所では、Pull的な手法でなんらかのレジストリから取得する必要があります。多くはDIコンテナがそのレジストリになるでしょう。ただし、上手に作られたフレームワークでは、その部分はフレームワークに隠蔽されているため、触れることは少ないでしょう。

　というわけで、ここではDIを活用して生成系の依存を排除していきたいと思います。これはコードから見たほうがわかりやすいでしょう。リスト7のように、外部からIGourmetSearch Apiのインスタンスを受け取って (コンストラクタインジェクションしてもらって) フィールドに保存しておき、必要な箇所で利用します。

　そうなると、これを呼び出すプレゼンテーション層のコードが影響を受けます。元のコードはリスト8のとおりでした。コンストラクタが変更されたので、これをリスト9のように改修します。

　ところが、このコードだとGourmetSearch Apiへの依存がユースケース層からプレゼンテーション層に移動しただけで、本質的な問題解決になっていません。そのためプレゼンテーション層も、インジェクションしてもらって解決するようにしましょう (リスト10)。その際、IGourmet SearchApiではなくて、ユースケース (つまり

▼リスト10　プレゼンテーション層もインジェクションしてもらうように改修

```
private readonly IFindNearbyRestaurants _findNearbyRestaurants;

public NearbyRestaurantsConsole(IFindNearbyRestaurants findNearbyRestaurants)
{
    _findNearbyRestaurants = findNearbyRestaurants;
}

public async Task FindRestaurantsAsync()
{
    // レストランを検索する
    var restaurants = await _findNearbyRestaurants.FindRestaurantsAsync();
```

IFindNearbyRestaurantsそのもの）をインジェクションしてもらいましょう。

続いてアプリケーションのエントリーポイントのであるProgramクラスも修正します（リスト11）。これでDIパターンの適用が完了します[注3]。

コード修正後の依存関係を確認する

さて、これでコードの修正はいったん終わりました。どのような依存関係になったか図6のモデルで見てみましょう。

ユースケース層からインフラストラクチャ層の実装クラスへの依存が完全に排除されて、実クラスの生成はすべてProgramクラスに寄せられました。

一般的なアプリケーションでは、ProgramクラスでDIコンテナーを初期化します。ここが詳細な実装にすべて依存しているのは許容します。逆に言うとレイヤー間で実クラスへの依存はあまり作らないようにしていきましょう。

ところで、Restaurantのようなオブジェクトもインターフェースを利用するべきでしょうか？

これは生産性と柔軟性のトレードオフになります。Restaurantに重要なロジックが含まれるような場合、テストを考慮するとインターフェースの分離を考えたいところです。

▼リスト11　Programクラスも修正

```
var console =
    new NearbyRestaurantsConsole(
        new FindNearbyRestaurants(
            new GourmetSearchApi()));
await console.FindRestaurantsAsync();
```

ただ、たとえば新しくRestaurantを登録するような場合、プレゼンテーション層でRestaurantの新しいインスタンスを生成して、ユースケース層に渡すことがあります。そのような場合、インターフェースから直接インスタンスは生成できませんから、ファクトリーの役割を持つオブジェクトを用意する必要があります。とくにGourmetSearchResultsのようなツリー構造のオブジェクトをすべてインターフェースで定義すると、それなりのコストが掛かります。

テスト容易性がコストを上回ってでも重要な場合は、インターフェースを導出するべきだと思います。今回はそこまでの価値はないため、戻り値オブジェクトのインターフェースの導出は行わないものとします。

残りの課題解決

さて、GourmetSearchApiは疎結合にリファクタリングできましたが、ほかにもまだ次のような課題が残っています。

・位置情報や時刻のテスト容易性が確保できていない
・プレゼンテーション層がユースケース層に密結合している

注3）　なお、今回はDIコンテナは利用しません。DIコンテナは、DIパターンを実現するための手段ですが、必ずしも必要ではありません。DIコンテナを使うと、この程度のコードだと複雑度が増します。今回はDIの話が中心ではないため、DIパターンは適用しますがDIコンテナは利用しません。

▼図6　GourmetSearchApiが疎結合になったモデル図

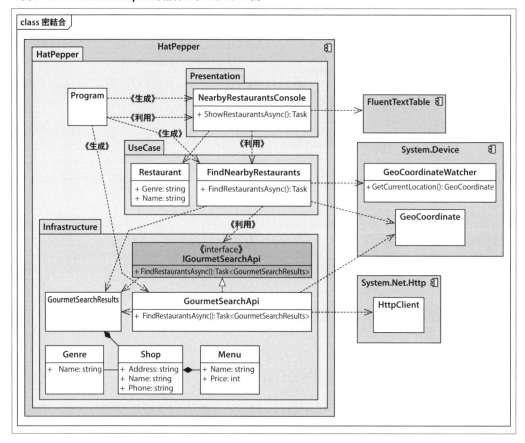

位置情報や時刻のテスト容易性を確保する

　位置情報や時刻を利用する場合、.NETで提供されているクラスであっても、直接利用するのではなく抽象化層を入れると良いでしょう。

　今回はそれぞれILocationProviderとITimeProviderを抽出して対応します。その際にインフラストラクチャをApi、Location、Timeのサブパッケージに分けます。実際に適用したモデルが図7です。Programクラスから生成の依存関係を記載すると、ごちゃごちゃしすぎるため省略しています。

　この状態のユースケース層のコードをリスト12で見てみましょう。インフラストラクチャ層の実装がデバイスの位置や実行時刻にいっさい依存しなくなりました。その結果、ユースケース層のテスト容易性が確保できたことが確認できると思います。

非クリーンアーキテクチャの課題

　さて、先ほどの設計は一般的なレイヤーアーキテクチャ（垂直レイヤーアーキテクチャ）であって、クリーンアーキテクチャになっていません注4。クリーンアーキテクチャが好ましい設計なのであれば、垂直レイヤーアーキテクチャには何らかの課題があります。それはレイヤーの依存方向と、柔軟性／安定度を考えると理解できます。

注4）クリーンアーキテクチャも、レイヤーを同心円状に記述しているだけでレイヤーアーキテクチャではあります。そのため本章では、一般的なレイヤーが垂直に重なったモデルを垂直レイヤーアーキテクチャ記載することとします。

▼図7 抽象化層を入れたモデル図

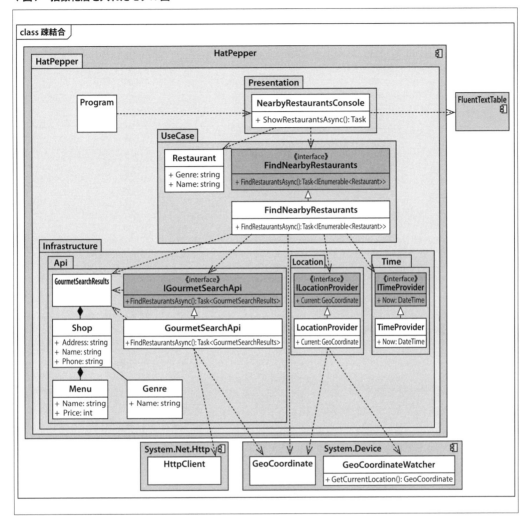

垂直レイヤーモデルでは、依存関係は上から下への一方通行となります。このとき、それぞれのレイヤーの柔軟性と安定度は**図8**のとおりとなります。

何らかのオブジェクト（もちろんレイヤーを含む）の間に依存関係があった場合、一般的に**表1**の関係が成り立ちます。

上位レイヤーは下位レイヤーに依存します。そのため下位レイヤーが変更されると、上位レ

▼図8 垂直レイヤーモデルにおける依存関係と柔軟性／安定度のイメージ

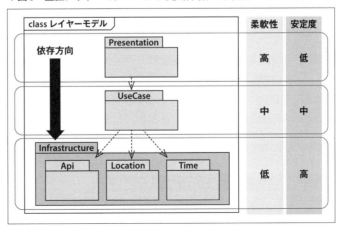

▼リスト12　抽象化層を入れたユースケース層

```csharp
public class FindNearbyRestaurants : IFindNearbyRestaurants
{
    private readonly ILocationProvider _locationProvider;
    private readonly ITimeProvider _timeProvider;
    private readonly IGourmetSearchApi _api;

    public FindNearbyRestaurants(
        ILocationProvider locationProvider,
        ITimeProvider timeProvider,
        IGourmetSearchApi api)
    {
        _locationProvider = locationProvider;
        _timeProvider = timeProvider;
        _api = api;
    }

    public async Task<IEnumerable<Restaurant>> FindRestaurantsAsync()
    {
        var location = _locationProvider.Current;

        var now = _timeProvider.Now;
        var lunchOnly = 11 <= now.Hour && now.Hour <= 14;

        var result = await _api.FindRestaurantsAsync(location, lunchOnly);
        return result.Shops
            .Select(x => new Restaurant(x.Name, x.Genre.Name));
    }
}
```

イヤーは変更の影響を受けます。つまり、上位レイヤーは下位レイヤーに比べて安定度が低い状態になります。

　逆に、上位レイヤーを変更しても下位レイヤーには影響が発生しません。変更の影響範囲が狭いということは、つまり上位レイヤーは柔軟性が高いということです。

　この柔軟性と安定度は、依存方向によって決定されるトレードオフです。

　ここで図8の柔軟性と安定度は理想的な状態でしょうか？　残念ながらそうではありません。基本的に重要なレイヤーの安定度が最も高くなるように依存性を管理する必要があります。

　最も重要なレイヤーはどこでしょうか？　それはユーザーにとっての「価値」を抽象化した

レイヤー、つまりここではユースケース層です。

　したがって、ユースケース層の安定度が高、柔軟性が低に、プレゼンテーション層とインフラストラクチャ層はその逆になるように設計する必要があります。

　ところが、現在の依存性の方向は処理の呼び出しの向きに一致しています。インフラストラクチャ層からユースケース層を呼ぶように実装するわけにもいきません。

　では、理想の設計を諦めるべきでしょうか？

　いいえ、そこでクリーンアーキテクチャの出番です。

クリーンアーキテクチャへのリファクタリング

　制御の流れと依存方向は分離してコントロールすることができます。そのためには、それぞれの間に挟まるインターフェースをどちらの文脈（コンテキスト）で定義するかがポイントとなります。ユースケースとAPIの間のインター

▼表1　依存関係と、柔軟性／安定度の一般的な関係性

レイヤー	柔軟性	安定度
上位レイヤー	高	低
下位レイヤー	低	高

フェースをよく見ていきましょう。

　図9のように、現在のIGourmetSearchApiは
インフラストラクチャ層側に含まれています。
IGourmetSearchApiインターフェースは疎結合
にするために、GourmetSearchApiの「文脈」の
ままに抽出されました。したがって、IGourmet
SearchApiインターフェースの「文脈」は、イ
ンフラストラクチャ層の文脈で記述されていま
す。より具体的にいうと、IGourmetSearchApi
インターフェースは、Web APIのレスポンス
であるJSONのままです。

　そのため、現状はユースケース層がインフラ
ストラクチャ層に依存する形になっています。

　このインターフェースをユースケース層側の
文脈で記載することで、「文脈的に」依存方向
を逆にできます。

　実際にやってみましょう。まずはIGourmet
SearchApiインターフェースをユースケース層に
移動します（図10）。この時点では、IGourmet
SearchApiのメソッドの戻り値は、インフラス
トラクチャ層で定義されたGourmetSearch
Results、つまりWeb APIの文脈のままです。
このままではユースケース層が、文脈的に外部

のサービスに直接依存してしまいます。

　この依存を断ち切ります。そのためには
IGourmetSearchApiインターフェースをすべ
てユースケース層側の文脈で記述する必要があ
ります。図11のようにIGourmetSearchApiイ
ンターフェースの戻り値をユースケース層の
Restaurantオブジェクトに変更します。

　コードも見てみましょう。リスト13は垂直
レイヤーアーキテクチャ時のコードです。イン
フラストラクチャ層側では、Web APIの呼び
出し結果をそのまま戻していて、ユースケース
側でユースケース層のRestaurantに詰め替え
ています。つまりユースケース層がインフラス
トラクチャ層の文脈に依存しています。

　そして、リスト14がインターフェースの文
脈をユースケース層側に移動したあとのコード
です。よく見比べてください。Web APIに依
存したオブジェクトをユースケース層のオブジェ
クトであるRestaurantに詰め替える処理が、
ユースケース層からインフラストラクチャ層に
移動しました。これによりユースケース層はイ
ンフラストラクチャ層から完全に独立して、逆
にインフラストラクチャ層はユースケース層に

▼図9　疎結合状態のユースケース層とインフラストラクチャ層

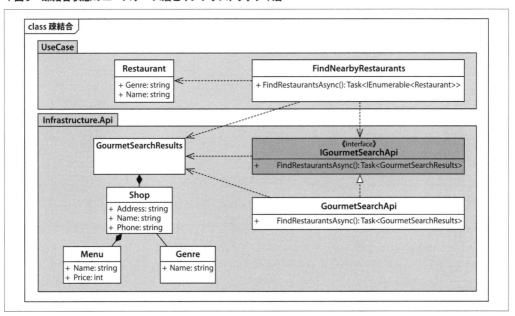

▼図10　ICourmetSearchApi インターフェースをユースケース層に移動

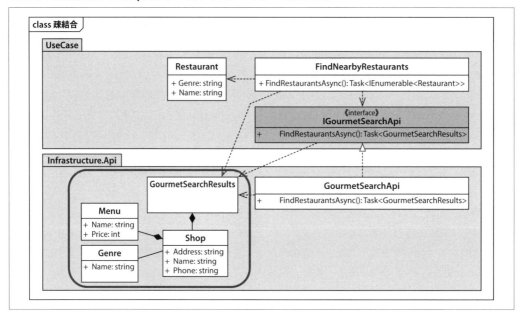

▼図11　IGourmetSearchApi インターフェースの戻り値をユースケース層の Restaurant オブジェクトに変更

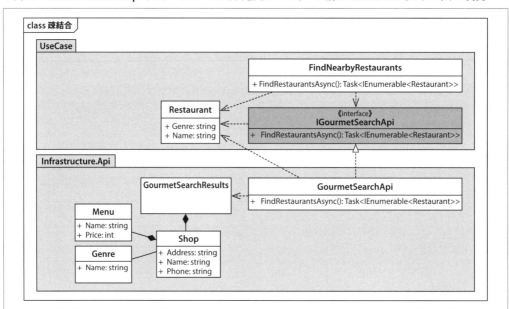

依存するようになりました。

　では、位置情報と時間も同様に修正しましょう（図12）。LocationProvider の戻り値は System.Device の GeoCoordinate でしたが、ユースケース層に Location クラスを作成して、そちらに依存するように修正しました。ユースケース層

がうっかり System.Device のオブジェクトを利用してしまうと、ユースケース層の安定度が大きく損なわれてしまいます。そのため System.Device への依存は Location に閉じ込めます。

　これによりレイヤー間の依存関係は図13のように変化しました。制御の方向は上から下で

▼リスト13　垂直レイヤーアーキテクチャのコード

```
// インフラストラクチャ層
public class GourmetSearchApi : IGourmetSearchApi
{
    (..略..)
    public async Task<GourmetSearchResults> FindRestaurantsAsync(GeoCoordinate location, ⊐
bool lunchOnly)
    {
        (..略..)
        return (await HttpClient.GetFromJsonAsync<GourmetSearchResults>(url))!;
    }
}

// ユースケース層
public class FindNearbyRestaurants : IFindNearbyRestaurants
{
    (..略..)
    public async Task<IEnumerable<Restaurant>> FindRestaurantsAsync()
    {
        (..略..)
        var result = await _api.FindRestaurantsAsync(location, lunchOnly);
        return result.Shops
            .Select(x => new Restaurant(x.Name, x.Genre.Name));
    }
}
```

▼リスト14　インターフェースの文脈をユースケース層側に移動

```
// インフラストラクチャ層
public class GourmetSearchApi : IGourmetSearchApi
{
    (..略..)
    public async Task<GourmetSearchResults> FindRestaurantsAsync(GeoCoordinate location, ⊐
bool lunchOnly)
    {
        (..略..)
        return (await HttpClient.GetFromJsonAsync<Root>(url))!
            .Shops
            .Select(x => new Restaurant(x.Name, x.Genre.Name));
    }
}

// ユースケース層
public class FindNearbyRestaurants : IFindNearbyRestaurants
{
    (..略..)
    public async Task<IEnumerable<Restaurant>> FindRestaurantsAsync()
    {
        (..略..)
        return await _api.FindRestaurantsAsync(location, lunchOnly);
    }
}
```

変わらないままに、依存関係がユースケース層
に向かうように変更できました。その結果、ユー
スケース層の安定度が最も高くなり、プレゼン
テーション層とインフラストラクチャ層の柔軟
性を得ることができました。たとえば、プレゼ

ンテーション層はユースケース層に影響を与え
ることなく変更できますし、Web APIの
JSON仕様に変更が入ってもインフラストラク
チャ層で吸収できるようになりました。

　このインフラストラクチャ層は、ドメイン駆

▼図12　位置情報と時間も修正

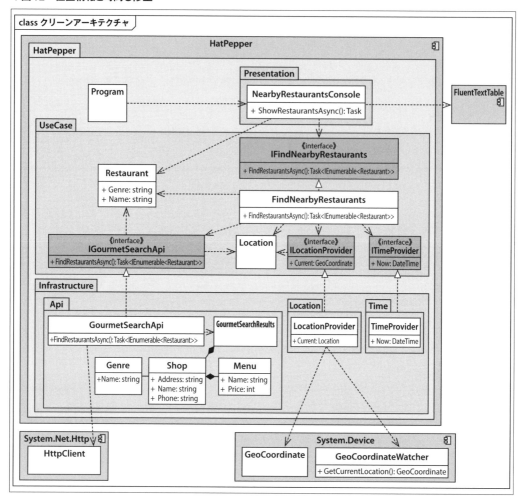

動設計で言うところの腐敗防止層としても働きます。

さて、これらをサークル上に並べなおしてみましょう（**図14**）。ユースケースが中心にきて、その周囲のレイヤーから依存性がすべて中心に向かっていることがわかります。これがクリーンアーキテクチャです。

クリーンアーキテクチャは、かの有名な同心円状の図の要素で実装しましょうというものではありません。最も重要なものを中央に配置し、そこから同心円状に広げていき、すべての依存を外から中に向けるアーキテクチャのことを指します。

さぁ、これでクリーンアーキテクチャを完全に適用できましたが、まだもう少しだけ続きます。

不安定なクリーンアーキテクチャと安定的なクリーンアーキテクチャ

先ほどの設計でアプリケーションにクリーンアーキテクチャを適用できました。ただ、それは結構不安定な状態にあります。

図15のように、リファクタリングしていく途中、一時的にIGourmetSearchApiインターフェースだけをユースケース層に移動しました。この瞬間、IGourmetSearchApiインターフェースはインフラストラクチャ層に依存していて、GourmetSearchApiクラスはユースケース層に依存していました。レイヤー間で依存性が循

環してしまっていますね。そし
てこれは普通にコンパイルも通
りますし、正しく動きます。

ここまでの設計では、すべて
のオブジェクトはHatPepper.
exeコンポーネントに含まれて
いて、その中のレイヤーはあく
まで論理的なものです。そのた
め、レイヤー間の依存関係を正
しく保つのは開発者に完全に委
ねられます。

これは筆者の経験上、非常に
危険です。設計・実装していく
中で、ついうっかり依存関係が破綻した状態に
なってしまって、しばらくそれに気がつかない
ということはよく発生します。そして、その状
態は安定度と柔軟性が適切にコントロールされ
ていない状態です。これでは機能追加や変更に
おいて、影響範囲が適切に制御できなくなり、
品質を確保することが難しくなります。

呼び出し先に依存することは自然でもあるた
め、人が注意を払うことで依存関係を正しく保
つことは非常に難しいです。**不安定なクリーン
アーキテクチャ**と言ってもよいでしょう。

それを防ぐため、各開発言語の機能を利用し
て**安定的なクリーンアーキテクチャ**を目指しま
す。今回の例は.NETですのでレイヤーをコン
ポーネント（プロジェクト）分割して、コンポー
ネント間の依存関係を制御することで、レイヤー
の依存関係を限定します。

実際にコンポーネント分割したモデルが図
16のとおりです。コンポーネント間の依存関
係をレイヤーの依存関係と合わせます。こうす
ることで、ユースケースコンポーネントからイ
ンフラストラクチャ系のコンポーネントを呼び
出すことは絶対にできません。

また、System.Net.Http や System.Device の
ようなフレームワークからユースケースを分離
して非依存に保つことが容易になります。
Program クラスを含む HatPepper コンポーネ

▼**図13　修正後のレイヤー間の依存関係**

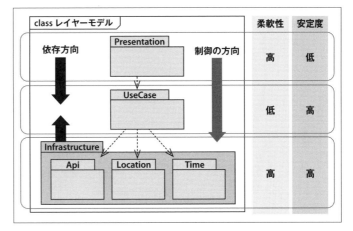

▼**図14　クリーンアーキテクチャになった題材アプリ
ケーション**

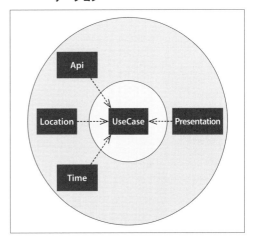

ントだけが、DIを管理するためすべてを理解し、
依存しています。

まとめ

密結合状態のアーキテクチャから、クリーン
アーキテクチャを自然と保つことが可能なアー
キテクチャにリファクタリングする手段を解説
してきました。

ここで本当に大切なことはたった1つだけで
す。「最も重要な要素に依存性が向かうように
制御すること」だけです。これを実現するために、
次のような「手段」があります。これらは目的

▼図15 一時的にIGourmetSearchApiをユースケース層に移動

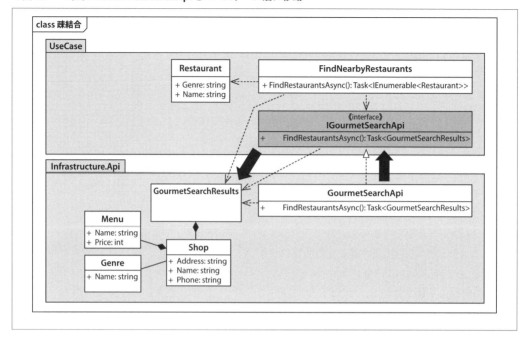

ではありません。

- インターフェースと実装を分離して、実装を直接利用しない
- Dependency InjectionパターンやService Locatorなどを活用することで実体を直接生成しない
- インターフェースの文脈をコントロールする

ことで、依存の方向が制御の流れから切り離す
- 可能であれば、望まない依存が発生しないしくみを導入する

　これであなたもクリーンで安定的なアーキテクチャを手に入れることができるでしょう。**SD**

▼図16 コンポーネントを分割したモデル

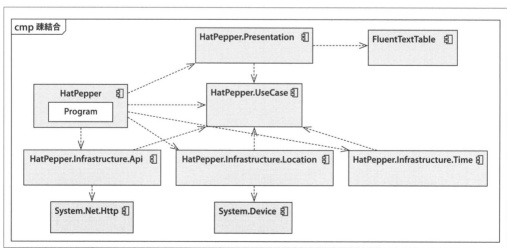

3-5 モバイルアプリ開発における実践

アプリアーキテクチャガイドを起点に現実的な方針を考える

Author 奥澤 俊樹（おくざわ としき）　株式会社kubell
Twitter @okuzawats

本節では、Androidを題材に、モバイルアプリ開発におけるクリーンアーキテクチャの進め方を紹介します。「MVVMアーキテクチャ」「モジュール化」など、Androidアプリのアーキテクチャの論点を整理し、Kotlinのコード例を参照しながらAndroidアプリ開発におけるクリーンアーキテクチャの実践を確認します。

はじめに

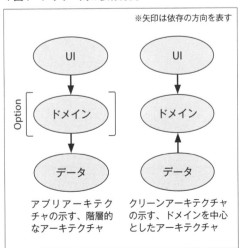

Androidは、公式にアプリアーキテクチャガイド[注1]を提示しています。このアーキテクチャガイドには、Androidアプリ開発におけるアーキテクチャのベストプラクティスや推奨事項が示されており、このガイドに従うことで品質の高いAndroidアプリを開発することが可能であると言われています。また、「Androidアプリ開発はMVVM[注2]アーキテクチャである」と聞いたことがある方もいるかもしれません。本記事では、Androidアプリのアーキテクチャに関するこれらの論点を整理し、クリーンアーキテクチャを採用したAndroidアプリのサンプルコードを示します。サンプルコードにはKotlinを用います。

アプリアーキテクチャガイド

アプリアーキテクチャガイドには、Androidアプリ開発における推奨事項が示されています。たとえば、関心の分離、データモデルによるUIの操作、Single Source of Truthといった推奨事項です。これらはAndroidアプリ開発以外にも適用可能なものですが、アプリアーキテクチャガイドはこれらの推奨事項をAndroidアプリ開発に適用するための方法も示しています。

アプリアーキテクチャガイドに示されるAndroidアプリの推奨アーキテクチャでは、関心事を分離するために、少なくとも次の2つのレイヤーが必要であるとしています。

・画面にアプリデータを表示するUIレイヤー
・アプリのビジネスロジックを含み、アプリデータを公開するデータレイヤー

大規模なアプリの場合はさらにビジネスロジックをカプセル化するための「ドメインレイヤー」を加えてもよいとしています。

注1）**URL** https://developer.android.com/topic/architecture?hl=ja
注2）Model-View-ViewModelの略。

▼図1　レイヤー間の依存方向

※矢印は依存の方向を表す

```
        UI                    UI
         ↓                     ↓
   ┌─  ドメイン  ─┐         ドメイン
Option                          ↑
   └─   ↓   ─┘                 │
       データ                 データ
```

アプリアーキテクチャの示す、階層的なアーキテクチャ

クリーンアーキテクチャの示す、ドメインを中心としたアーキテクチャ

またアプリアーキテクチャガイドではレイヤー間の依存方向について、ドメインレイヤーを導入する場合はUIレイヤーからドメインレイヤーへ、ドメインレイヤーからデータレイヤーへ依存方向を向けるとしています（**図1**左側）。つまり、アプリアーキテクチャガイドの推奨するアーキテクチャは階層的になっています。

一方、クリーンアーキテクチャでは、ビジネスルール、すなわちドメインレイヤーを中心に置き、ドメインレイヤーに依存方向を向けます。UIレイヤー、ドメインレイヤー、データレイヤーの3つのレイヤーがある場合は、UIレイヤーからドメインレイヤーに、データレイヤーからドメインレイヤーに依存関係を向けることとなります（**図1**右側）。アプリアーキテクチャガイドの推奨するアーキテクチャと比べると、ドメインレイヤーとデータレイヤーの依存方向が逆になっています。

アプリアーキテクチャガイドとクリーンアーキテクチャには考え方の異なる点がありますが、クリーンアーキテクチャを採用した場合でも、アプリアーキテクチャガイドの示す推奨事項の多くはクリーンアーキテクチャに適用可能です。よく言われることですが、アーキテクチャにただ1つの正解はありません。推奨事項を理解したうえで、状況に応じて推奨アーキテクチャを超えた選択をすることに問題はないでしょう。

MVVMアーキテクチャ

「Androidアプリ開発はMVVMアーキテクチャである」と聞いたことがある方もいるかもしれません[注3]。MVVMアーキテクチャはMVC（Model-View-Controller）アーキテクチャから派生したパターンの1つで、ソフトウェアのアーキテクチャをModel、View、ViewModelに分

けて考えます。MVVMアーキテクチャの主眼は、ViewとViewModel、すなわちUIレイヤーをどのように実装するかという点に置かれます。いわばUIレイヤーの実装パターンであり、乱暴に言えば、それ以外のレイヤーについては何も語っていないとも言えます。クリーンアーキテクチャの文脈では、UIレイヤーはドメインレイヤーの外側に位置する技術詳細です。MVVMアーキテクチャは、技術詳細であるUIレイヤーの複雑さに対処するための実装パターンであるととらえられ、UIレイヤーの実装パターンとしてクリーンアーキテクチャの一部を構成するものとみなせます。

モジュール化

Androidアプリ開発では、1つのAndroidプロジェクトを複数のモジュールに分割し、モジュール化することができます。モジュール化によって開発者はさまざまなメリットを得ることができますが、アーキテクチャの観点では依存関係のルールを開発者に強制できるというメリットがあります。つまり、レイヤーごとにモジュールを分け、モジュール間の依存方向を制御することで、目指すアーキテクチャの依存関係のルールを開発者に強制できます。

実際にモジュールを作成してみます[注4]。Android Studioで新たなモジュールを作成するためには、Android Studioのメニューから［File］→［New］→［New Module］と選択して、「Create New Module」ダイアログ（**図2**）で「Android Library」を追加します。「Module name」にモジュールの名前を設定し、［Finish］をクリックするとモジュールが作成されます。

Android Studioで新規プロジェクトを作成した場合、appモジュールが自動的に作成されます。作成した新規モジュールへの依存をapp

---

注3）　MVVMアーキテクチャは、一時期Androidアプリ開発で広く採用されていました。ただし、Androidアプリ開発に宣言的UIのパラダイムをもたらすJetpack Composeが2021年に正式リリースされたことで、2023年現在、MVVMアーキテクチャが採用される機会は以前よりも少なくなってきたかもしれません。

注4）　本節では、開発環境としてAndroid Studio（Electric Eel）を使用します。インストールなどについては公式ページをご確認ください。
URL https://developer.android.com/studio

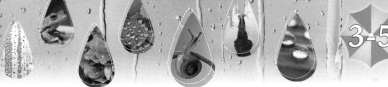
▼図2 「Android Library」の追加

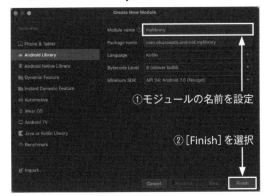

①モジュールの名前を設定

②[Finish]を選択

▼図3 本節で目指すアーキテクチャ

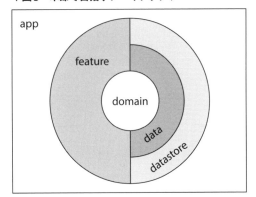

モジュールに追加するためには、appモジュールのbuild.gradle.ktsに次の記述を追加します。「mylibrary」の部分は、図2で「Module name」に設定したモジュールの名前です。

```
dependencies {
    // ↓追加
    implementation(project(":mylibrary"))
    (..略..)
}
```

このようにアプリをモジュール化し、モジュール間の依存関係をbuild.gradleに記述していくことで、モジュール間の依存方向を制御します。

モジュール化に関する情報源として、「Androidアプリのモジュール化のガイド」があります注5。次節では、モジュール化のガイドをふまえ、モジュール化によってAndroidアプリにクリーンアーキテクチャを適用する方法を示します。

Androidアプリにおける クリーンアーキテクチャ

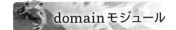

本節では、Androidアプリにクリーンアーキテクチャを適用したサンプルプロジェクト注6を示します。サンプルプロジェクトでは、プログラムを図3に示すようにモジュール化します。また、このアーキテクチャを実現するために、Androidアプリ開発において広く用いられるDIコンテナ「Hilt」注7を活用しています。

それでは、各モジュールの役割とサンプルコードを見てみましょう。

domainモジュール

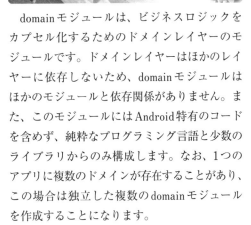

domainモジュールは、ビジネスロジックをカプセル化するためのドメインレイヤーのモジュールです。ドメインレイヤーはほかのレイヤーに依存しないため、domainモジュールはほかのモジュールと依存関係がありません。また、このモジュールにはAndroid特有のコードを含めず、純粋なプログラミング言語と少数のライブラリからのみ構成します。なお、1つのアプリに複数のドメインが存在することがあり、この場合は独立した複数のdomainモジュールを作成することになります。

ビジネスロジックをカプセル化するため、Use Casesのインターフェースを定義します。Use Casesは、「動詞 + 名詞 + UseCase」という命名に従って、単一のメソッドだけを持ちます。メソッドの戻り値は、ドメインを表すデータモデルとします。Kotlinの場合、次のように定義することで、インスタンスに対して

注5) URL https://developer.android.com/topic/modularization?hl=ja
注6) URL https://github.com/okuzawats/android-clean-architecture-sample-app

注7) URL https://dagger.dev/hilt/

▼リスト1　サンプルプロジェクトのViewModel

```
@HiltViewModel
class MainViewModel @Inject constructor(
    private val getRandomDogUseCase: GetRandomDogUseCase,
    private val domainToPresentationMapper: DomainToPresentationMapper,
) : ViewModel<MainViewModelState, MainViewModelEvent>() {
    (..略..)
}
```

useCase()というように処理を呼び出すことができます。

```
interface GetRandomDogUseCase {
    suspend operator fun invoke(): Flow<Dog>
}
```

リポジトリのインターフェースを定義します。リポジトリは、データアクセスの抽象を提供します。domainモジュールでリポジトリのインターフェースを定義することにより、domainモジュールとdataモジュールとの間に依存関係逆転の原則を適用して、dataモジュールからdomainモジュールに依存関係を向けています。

```
interface DogRepository {
    suspend fun getRandom(): Dog
}
```

Use Casesを実装します。上述のリポジトリをコンストラクタで注入しています。@Inject constructor の部分はDIコンテナ(Hilt)特有の書き方です。このクラスにビジネスロジックを実装します(サンプルコードでは省略)。

```
class GetRandomDogUseCaseImpl @Inject ⏎
constructor(
    private val dogRepository: DogRepository,
) : GetRandomDogUseCase {
    (..略..)
}
```

featureモジュール

featureモジュールは、単一の機能にひも付く画面の実装を持ち、プレゼンテーションレイヤーに位置付けられます。featureは独立した単一の機能を意味し、1つのfeatureモジュー

ルに単一の機能のみを実装します。1つのアプリには複数の機能があるのが普通ですので、featureモジュールは複数存在し得ます。featureモジュールはdomainモジュールに依存し、featureモジュールから別のfeatureモジュールには依存しないようにします。

```
dependencies {
    implementation(project(":domain"))
    (..略..)
}
```

書籍『Clean Architecture』では、UIとUse Casesの間にプレゼンターが置かれています注8。一方、このサンプルプロジェクトでは、1つのfeatureに対するUIの実装を1つのfeatureモジュールにまとめています。書籍に示されたアーキテクチャと異なる点はありますが、クリーンアーキテクチャの示す依存ルールに従っており、これもクリーンアーキテクチャであると言えます。

サンプルプロジェクトでは、domainモジュールに定義されたUseCaseを参照するのはViewModelです(リスト1)。ViewModelは、Viewの抽象化レイヤーです。ViewModelは、Viewで発生するイベントを受け取り、UseCaseを実行します。UseCaseから返されるデータモデルをプレゼンテーション用のデータモデルに変換した後、UIを更新しています。

featureモジュールから別のfeatureモジュールには依存しないというルールを守るため、

注8) Robert C. Martin 著、角 征典、髙木 正弘 訳、KADOKAWA、2018年、p. 200。

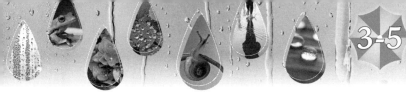
feature間の画面遷移をfeatureモジュールで実装することはできません。ここでは、画面遷移のためのインターフェースをfeatureモジュールで定義し、その実装はappモジュールで行います。依存解決のためにDIコンテナを活用します。

```
interface MainNavigator {
    fun toLicense()
}
```

dataモジュール

dataモジュールは、データアクセスを抽象化するためのモジュールです。dataモジュールでは、domainモジュールで定義したリポジトリを実装します。また、データソースのインターフェースを定義します。dataモジュールは、domainモジュールにのみ依存します。

```
dependencies {
    implementation(project(":domain"))
    (..略..)
}
```

先にデータソースのインターフェースを定義します。このインターフェースには文字列を返す非同期関数を定義しています。

```
interface DogDataSource {
    suspend fun getRandomDogImage(): String
}
```

次にリポジトリを実装します。リポジトリには、上述のデータソースと、データモデル変換のためのクラスをコンストラクタで注入しています（リスト2）。データソースの非同期関数から戻り値を受け取り、ドメイン用のモデルに変換して戻り値として返しています。

datasourceモジュール

datasourceモジュールは、データアクセスを実装するためのモジュールです。dataモジュールで定義したデータソースを実装します。datasourceモジュールは、dataモジュールにのみ依存します。

```
dependencies {
    implementation(project(":data"))
    (..略..)
}
```

データソースには、HTTPクライアントであるApiClientをコンストラクタで注入しています。データソースの実装についてはAndroid特有の内容になるため、説明を省略します。

```
class DogDataSourceImpl @Inject ⏎
constructor(
    private val apiClient: ApiClient,
) : DogDataSource {
    (..略..)
}
```

▼リスト2　サンプルプロジェクトのリポジトリ

```
class DogRepositoryImpl @Inject constructor(
    private val dogDataSource: DogDataSource,
    private val dataToDomainMapper: DataToDomainMapper,
) : DogRepository {
    override suspend fun getRandom(): Dog {
        return try {
            val dogImage = dogDataSource.getRandomDogImage()
            dataToDomainMapper.toDomain(dogImage)
        } catch (e: Throwable) {
            dataToDomainMapper.toDomain(e)
        }
    }
}
```

appモジュール

appモジュールは、Android Studioでの新規プロジェクト作成時に自動的に作成されるモジュールで、Androidアプリのエントリーポイントとなります。appモジュールでは、featureモジュール間の画面遷移の実装を行います。本プロジェクトでは、次のように必要なモジュールへの依存を追加します。

```
dependencies {
    implementation(project(":feature:dog"))
    implementation(project(":datasource"))
    (..略..)
}
```

featureモジュールで定義した、feature間の画面遷移のためのMainNavigatorを実装します。Activityは、Androidアプリでの画面を表すクラスであると考えてください。DIコンテナを利用して、MainNavigatorに画面を表すインスタンスをコンストラクタで注入し、画面遷移処理を実装します。画面遷移の実装についてはAndroid特有の内容になるため、説明を省略します。

```
class MainNavigatorImpl @Inject ↲
constructor(
    private val activity: Activity,
) : MainNavigator {
    (..略..)
}
```

まとめ

本節では、Androidアプリ開発におけるアーキテクチャの概況をまとめ、クリーンアーキテクチャとの関係を考察しました。また、サンプルプロジェクトを作成し、Androidアプリにクリーンアーキテクチャを適用しました。モバイルアプリ開発にクリーンアーキテクチャを適用する場合の参考となれば幸いです。**SD**

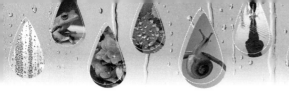

Software **D**esign［別冊］　　　　　　　　　　　　**n** 技術評論社

ワンランク上を
目指す人のための Python
実践活用ガイド

Pythonの入門書を終えたみなさん、「ここから何を勉強すればいいんだろう」「Pythonの機能はどういう場面で役に立つんだろう」という悩みはないでしょうか。本書はそうした方々のために、Software Designで過去好評を博した特集の中からPythonに関する記事を再収録したベストセレクションです。

前半ではPythonの概要や始め方をあらためて紹介し、実用上押さえておきたいライブラリの使い方やエラー処理のポイントを解説します。さらに、後半ではPythonの定番の使い道のうち、「自動化スクリプト」「テキスト処理」「統計学」の3点を取り上げます。Pythonの入門書と専門書のすきまを埋めるガイドブックです！

鈴木たかのり、野呂浩良、ほか 著
B5判／232ページ
定価（本体2,728円+税）
ISBN 978-4-297-12639-1

**大好評
発売中！**

こんな方に
おすすめ
・初級Pythonプログラマー
・Pythonをもっと使いこなしたい人

Software **D**esign［別冊］　　　　　　　　　　　　**n** 技術評論社

Linux
ブートキャンプ

本書は『Software Design』の人気記事の中から、Linuxの特集記事を再編集した書籍です。

新たにインフラエンジニアの道を歩む方、研修で学んだ知識を復習したいという方にお勧めの1冊です。Linuxの環境を実際に立ち上げ、コマンドラインを触って操作を手になじませつつ、プロセスやパーミッションなどの独自概念、UNIXネットワーク機能などへの理解を深めていきます。

また、実務で想定されるさまざまな課題・難題を切り抜けるための、便利なコマンド集を掲載しました。新しいコマンドの習得はもちろん、普段使いのコマンドにも思わぬ用途があるかもしれません。今後も末永く使われていく技術を、本書でしっかり身につけましょう！

宮原徹、佐野裕、ほか 著
B5判／208ページ
定価（本体2,200円+税）
ISBN 978-4-297-12683-4

**大好評
発売中！**

こんな方に
おすすめ
・新人インフラエンジニア
・新人を教える立場にあるインフラエンジニア
・Linuxの知識を深めたいアプリケーションエンジニア

装丁・表紙・目次	TYPEFACE
記事デザイン	トップスタジオデザイン室
	マップス（石田 昌治）
	SeaGrape

■初出一覧

第1章　Software Design 2023年2月号 特集1
第2章　Software Design 2024年3月号 特集1
第3章　Software Design 2023年6月号 特集1

■お問い合わせについて

本書に関するご質問は記載内容についてのみとさせていただきます。本書の内容以外のご質問には一切応じられませんので、あらかじめご了承ください。
なお、お電話でのご質問は受け付けておりませんので、書面またはFAX、弊社Webサイトのお問い合わせフォームをご利用ください。

〒162-0846　東京都新宿区市谷左内町21-13
株式会社技術評論社 第5編集部
『Software Design 別冊
入門ドメイン駆動設計』係

FAX　03-3513-6179
URL　https://gihyo.jp/book/2023/978-4-297-14317-6

ご質問の際に記載いただいた個人情報は回答以外の目的に使用することはありません。使用後は速やかに個人情報を廃棄します。

ソフトウェアデザインべっさつ

SoftwareDesign 別冊
にゅうもん　どめいんくどうせっけい
[入門]ドメイン駆動設計
きそ　じっせん　くりーんあーきてくちゃ
—— 基礎と実践・クリーンアーキテクチャ

2024年7月13日　初版　第1刷発行

著　者	増田亨、田中ひさてる、奥澤俊樹、中村充志、成瀬允宣、大西政徳
	ますだとおる　たなか　おくざわとしき　なかむらあつし　なるせまさのぶ　おおにしまさのり
発行者	片岡 巌
発行所	株式会社技術評論社
	東京都新宿区市谷左内町 21-13
	電話　03-3513-6150　販売促進部
	03-3513-6170　雑誌編集部
印刷／製本	港北メディアサービス株式会社

定価はカバーに表示してあります。

造本には細心の注意を払っておりますが、万一、乱丁（ページの乱れ）や落丁（ページの抜け）がございましたら、小社販売促進部まで送りください。送料負担にてお取り替えいたします。

ISBN 978-4-297-14317-6 C3055
Printed in Japan